O DNA

FOLHA
EXPLICA

O DNA

MARCELO LEITE

PUBLIFOLHA

Editor
Arthur Nestrovski

Assistência editorial
Marcelo Ferlin Assami (2003)
Rodrigo Villela (2008)

Capa
Publifolha

Imagem de capa
© Photoreseraches/LatinStock

Projeto gráfico da coleção
Silvia Ribeiro

Coordenação de produção gráfica
Soraia Scarpa (2008)

Assistência de produção gráfica
Mariana Metidieri (2008)

Revisão
Mário Vilela

Ilustração
Mário Kanno

Editoração eletrônica
Picture

Dados internacionais de Catalogação na Publicação (CIP)
(Câmara Brasileira do Livro, SP, Brasil)

Leite, Marcelo
O DNA / Marcelo Leite. – São Paulo : Publifolha, 2003. – (Folha Explica)

Bibliografia.
ISBN 978-85-7402-440-0

1. DNA – São Paulo 2. Genética – História I. Título. II. Série.

03.0665 CDD-572.86

Índices para catálogo sistemático:
1. DNA : Ciências da vida 572.86

1ª reimpressão

PUBLIFOLHA
Divisão de Publicações do Grupo Folha

Al. Barão de Limeira, 401, 6° andar, CEP 01202-900, São Paulo, SP
Tel.: (11) 3224-2186/2187/2197
www.publifolha.com.br

SUMÁRIO

Para Edith e Antonio Marcio, por tudo o mais, além de 6 bilhões de bases.

Este livro deve muito ao apoio de colegas de trabalho, em especial de Claudio Angelo, Salvador Nogueira e Reinaldo José Lopes. Sou grato também aos biólogos moleculares Sandro de Souza, Antonio J. Oliveira-dos-Santos e Gonçalo Guimarães Pereira pela leitura criteriosa do texto. E à Claudia – como sempre, por tudo, nas últimas duas décadas.

INTRODUÇÃO: A CRISE DA NOÇÃO DE GENE

O DNA, consagrada abreviação em língua inglesa da substância *á*cido *d*esoxirribo*n*ucléico, representa provavelmente a **molécula**[1] mais famosa do mundo. Talvez apenas a fórmula H_2O seja mais conhecida, mas poucas pessoas que não sejam químicos de formação saberão descrever a forma tridimensional da molécula da água (na sua forma gasosa, os dois átomos de hidrogênio, H, formam um ângulo de 105°, tendo no vértice o de oxigênio, O). Menos gente ainda, decerto, deixará de ter visto e memorizado a estrutura de escada de pintor torcida do DNA, tradicionalmente descrita como "dupla hélice". Ela se tornou um ícone do final do século 20, sobretudo depois que o consórcio internacional Projeto Genoma Hu-

[1] Assim como outras palavras em negrito ao longo do texto, "molécula" tem seu significado esclarecido no Glossário (p. 83).

mano e a empresa norte-americana Celera soletraram, no ano 2000, a maioria dos caracteres químicos que constituem os quase 3 bilhões de degraus das longuíssimas cadeias de DNA nos 23 pares de cromossomos da espécie humana.[2]

DUPLA HÉLICE

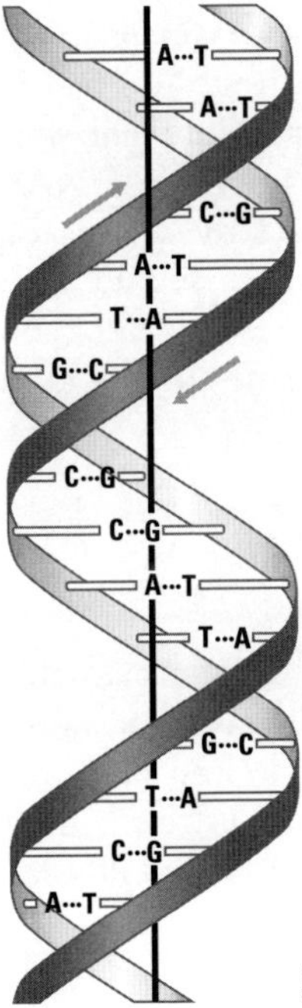

Fonte: *The Double Helix*, de James Watson

---

[2] Ver *O Projeto Genoma Humano*, de Mônica Teixeira (São Paulo: Publifolha, 2000), v. 13 desta série.

Essa é a imagem por excelência da ciência natural nos dias de hoje, como foi na década de 50 o desenho esquemático do átomo (simbolizando a não menos temível energia nuclear). A cada oportunidade em que algum tema de genética ou biotecnologia alcança a ordem do dia – e isso ocorre com freqüência cada vez maior –, lá está a dupla hélice a sinalizar um entrelaçamento de esperança e temor. Do genoma humano à clonagem de ovelhas e homens, da identificação de genes envolvidos no câncer à polêmica dos alimentos transgênicos, dos testes de paternidade às discussões sobre o sempre presente fantasma da **eugenia**, pode-se contar que a figura do DNA aparecerá associada, seja na vinheta da TV, seja na capa do livro, seja na ilustração do jornal – seja até em anúncios de xampu e de gasolina, nesses dois casos como sinônimo de eficácia molecular e de autenticidade.

COMPLEXIDADE VS. DETERMINISMO

Tal onipresença decorre não apenas da importância que as biotecnologias vêm assumindo para a medicina, mas também do impacto simbólico e cultural que o conhecimento da estrutura do DNA e as inovações que propiciou tiveram nas últimas cinco décadas, desde que o norte-americano James Watson e o britânico Francis Crick a decifraram, no famoso artigo para a revista científica *Nature* publicado no dia 25 de abril de 1953.[3] Com a imodéstia que sempre lhe foi carac-

---

[3] J.D. Watson e F.H.C. Crick, "A Structure for Deoxyribose Nucleic Acid". Em: *Nature*, v. 171, April 25, 1953; p. 737-8.

terística, Watson afirmou em suas memórias que esse fora "talvez o mais famoso evento em biologia desde o livro de Darwin".[4] E não sem motivo: ficar sabendo que em cada uma das células do próprio corpo (10 trilhões delas, distribuídas em cerca de mil tipos diferenciados) há um conjunto virtualmente idêntico de 6 bilhões de letras químicas estreitamente associadas com as características mais pessoais é uma dessas revelações marcantes do conhecimento, como a descoberta de que a Terra, vista do espaço, é um planeta azul – algo que hoje parece óbvio, mas que só foi confirmado pelos olhos do cosmonauta soviético Iúri Gagárin em 12 de abril de 1961. Afeta em sentido profundo o modo humano de compreender o mundo e os próprios homens, por vezes num sentido e numa proporção que extrapolam o próprio conteúdo objetivo e comprovado da descoberta científica, como no caso do problemático impulso dado ao **determinismo genético** pelo que há de impressionante nos avanços da biologia molecular.

O desvendamento da intimidade da matéria viva cria uma promessa e uma ilusão de controle ou precisão que a tecnociência biológica ainda está longe de alcançar. Muita gente culta acredita piamente que a transcrição do genoma humano tem o poder de desvendar, por si, os mecanismos envolvidos em processos fisiológicos tão decisivos quanto câncer, envelhecimento e infecções, quando qualquer pessoa minimamente familiarizada com os rumos atuais da **genômica** sabe que a cada avanço nessa área corres-

---

[4] *The Double Helix*, p. 129. O livro de Charles Darwin (1809-82) a que Watson se refere é *A Origem das Espécies*, de 1859, em que a teoria da evolução foi apresentada para o público em geral.

ponde igualmente um aumento de complexidade. Muitas vezes, compreender pode também significar que o controle almejado pelo saber é mais difícil do que se esperava, ou mesmo pouco provável. Um exemplo recente e eloqüente é o ainda mal compreendido fenômeno da **interferência de RNA**[5] (RNAi, na abreviação em inglês com que se tornou mais conhecido), destacado pela prestigiada revista especializada norte-americana *Science* como o principal avanço da pesquisa científica no ano de 2002[6] e explicado a seguir.

O pressuposto de toda a engenharia genética é que, ao modificar-se o DNA de um organismo incluindo em seu genoma um ou mais genes de seqüência conhecida (ou, numa estratégia diversa, silenciando genes para que o organismo pare de sintetizar certas substâncias), a planta ou animal passará a produzir (ou deixar de produzir) as proteínas correspondentes. É o que se faz com plantas transgênicas, por exemplo, incluindo nelas trechos de DNA extraídos de bactérias para que seu metabolismo passe a tolerar um herbicida (caso da soja Roundup Ready, da empresa Monsanto, resistente ao agrotóxico Roundup, o glifosato) ou passe a fabricar um inseticida nos seus próprios tecidos (caso do milho Starlink, da Aventis CropScience, que secreta a proteína inseticida Cry9C para aniquilar lagartas de borboletas e mariposas que se alimentam da planta).[7] Mas nem sempre são esses os efeitos obtidos.

---

[5] As relações entre DNA e RNA serão explicadas com mais detalhes no capítulo 1, "Como Funciona a Dupla Hélice". Ver também o Glossário.

[6] Jennifer Couzin, "Small RNAs Make Big Splash". Em: *Science*, v. 298, December 20, 2002; p. 2296-7.

[7] Ver Marcelo Leite, *Os Alimentos Transgênicos* (SãoPaulo: Publifolha, 2000), v. 2 desta série.

Em alguns casos, cessa por completo a produção das substâncias pretendidas. Isso deixava os pesquisadores desconcertados até o começo dos anos 1990, quando se descobriu que pequenos trechos de RNA podiam modular a **expressão** (leitura) de genes pela maquinaria bioquímica das células. A prova definitiva dessa forma de interferência genética (daí o nome "interferência de RNA") veio em 1998, quando pesquisadores dos Estados Unidos – Andrew Fire (Carnegie Institution) e Craig Mello (University of Massachusetts Medical School)[8] – enxertaram fitas duplas de RNA num tipo de verme e demonstraram que elas bloqueavam a expressão dos genes que continham justamente trechos de DNA coincidentes com as seqüências de RNA enxertadas.[9] O mesmo fenômeno da RNAi foi posteriormente observado em insetos e outros organismos, provando a participação do RNA no que se convencionou chamar de **silenciamento** de genes.

A interferência de RNA poderia ter-se transformado numa nota de rodapé da biologia molecular, mera excentricidade bioquímica na já furiosa complexidade do metabolismo celular, não fossem indicações crescentes de que o mecanismo talvez seja universal entre organismos superiores, como animais e plantas. Ele teria sido herdado de ancestrais bacterianos, que o teriam desenvolvido há centenas de milhões de anos para proteger-se do ataque de vírus (desarmando os ácidos nucléicos que estes injetam na vítima para obrigá-la a produzir quantidades industri-

---

[8] Em 2006, Fire e Melo ganharam o Prêmio Nobel em Medicina ou Fisiologia pela descoberta da interferência de RNA.

[9] As cadeias de RNA são produzidas pela célula tomando por molde a seqüência de algum DNA. Já que forma normalmente uma fita simples (ou seja, algo como uma meia escada de pintor), o RNA de fita dupla precisa que uma parte da seqüência se recurve 180° e volte no outro sentido (como um grampo de cabelo), permitindo que os meios degraus se unam para recompor uma escada (fita dupla).

ais de cópias do próprio vírus). Além disso, pode-se interpretar a RNAi como uma das mais flagrantes contradições de um pilar da biologia molecular, o Dogma Central formulado por Francis Crick em 1957:[10] o fluxo de informação só se faz no sentido DNA → RNA → proteína,[11] nunca no inverso (como ressalvou Sandro de Souza,[12] tal dogma já vinha perdendo muito de seu peso desde os anos 1980, quando começaram a ser identificadas formas quimicamente ativas de RNA e continuou a desfazer-se a noção de que ele fosse mero intermediário entre DNA e proteínas).

Ora, se o RNA pode silenciar genes (DNA), não é descabido dizer que o fluxo de informação se inverte. De um ponto de vista utilitário (e certamente é dessa perspectiva que flui o entusiasmo dos pesquisadores), isso significa também que toda uma nova classe promissora de ferramentas se apresenta para os biotecnólogos, pois eles talvez não precisem mais modificar o genoma – isto é, o DNA contido nos cromossomos – de um organismo para obter os resultados pretendidos, seja a resistência a um herbicida numa planta comercial, seja o tratamento de uma enfermidade humana. Em princípio, os mesmos efeitos poderiam ser alcançados sem reformar o "código da vida" no núcleo celular, bastando adicionar pequenos RNA ao seu citoplasma (o "recheio" das células). Não seria ainda, decerto, o desabamento do edifício da **engenharia genética**, lenta e arduamente erguido nas últimas três décadas, mas representaria no mínimo uma

---

[10] No 12º Simpósio da Sociedade de Biologia Experimental, em Cambridge (Reino Unido).

[11] Proteínas específicas são sintetizadas pela célula com base na seqüência de trechos de RNA.

[12] Comunicação pessoal, 29 de janeiro de 2003.

mudança radical de sua planta, com a adição de andares imprevistos a um prédio térreo, que mereceria – quem sabe? – ser relançado com o nome de "engenharia biomolecular".

GENÔMICA EM BAIXA

No momento em que a primeira edição deste volume chegava às livrarias, em março de 2003, o anúncio pomposo da decifração do tal "código da vida" feito pelo então presidente norte-americano Bill Clinton e pelo premiê britânico Tony Blair, em 2000, estava para completar três anos – sem que nem um único medicamento desenvolvido diretamente com base em informações divulgadas naquele dia, e em artigos científicos sete meses depois, tivesse sido lançado no mercado.[13] Uma das estrelas da cerimônia de 26 de junho na Casa Branca, o dublê de cientista e empresário Craig Venter, cuja empresa Celera forçara o concorrente Projeto Genoma Humano a antecipar em quase três anos a transcrição dos cromossomos da espécie, vem desde então perdendo prestígio – pelo menos no mundo das expectativas comerciais e financeiras da biotecnologia aplicada à medicina. Em 23 de janeiro de 2002, Venter deixou a presidência da Celera, que reverteu suas linhas de atuação para métodos mais tradicionais de desenvolvimento de remédios, uma vez que não estava deco-

[13] Antonio Oliveira-dos-Santos ressalva que informações genômicas anteriores à divulgação do genoma humano foram uma entre outras ferramentas para o desenvolvimento de vários medicamentos de impacto nos últimos anos, como o Glivec (ou Gleevec), o Herceptin e o Epogen (ou Epoetin). Comunicação pessoal, 4 de fevereiro de 2003.

lando a tentativa de fazê-lo com base nas informações genômicas produzidas no atacado por Venter. Os genes seguramente contêm muitos detalhes relevantes para entender a espécie humana, mas não revelaram ainda o mapa dos lucros bilionários que as gigantes farmacêuticas buscam.

A complexidade dos genes é tanta, e tão galopante (a julgar pelos resultados das pesquisas mais recentes, como a da RNAi), que não seria exagero dizer que a própria unidade operacional do conceito se encontra ameaçada, o que não impede muitas pessoas de continuar acreditando que genes equivalem a uma espécie de destino, e um destino que seres humanos se acreditam capazes de modificar com as ferramentas da engenharia genética. O propósito deste livro é mostrar que tal crença é correta e, ao mesmo tempo, despropositada, uma vez que a engenharia genética tem, sim, meios de produzir efeitos espantosos sobre seres vivos, mas que nem por isso se encontra na posição de ditar-lhes metabolismo e comportamento absolutamente previsíveis e controlados.

Para chegar a esse objetivo, o primeiro passo é entender a estrutura da molécula de DNA, a famosa dupla hélice, explicada no capítulo 1. A função desse primeiro texto é tornar claro como a arquitetura da molécula encarna de forma elegante a realização de duas funções biológicas primordiais: primeiro, fornecer um molde para a fabricação de milhares de proteínas cuja ação concertada resulta na vida de um indivíduo de determinada espécie; depois, garantir que a geração seguinte receba um pacote mínimo de moldes para a continuação da espécie (ainda que comportando alguma variação, sem a qual a seleção natural não pode agir). Esse mesmo capítulo 1 buscará ainda elucidar, sem muita minúcia bioquímica, as engrenagens da máquina celular para duplicar o DNA (quando a célula se divide) e para ler sua seqüência (quando sintetiza as proteínas de que necessita).

Os dois capítulos seguintes (2 e 3) possuem uma característica mais histórica, resumindo a longa e tortuosa trajetória entre as conjeturas de Gregor Mendel sobre a hereditariedade, na segunda metade do século 19, quando a palavra "gene" nem mesmo existia, e a plena compreensão das relações da seqüência de ácidos nucléicos (DNA e RNA) com o que há de específico em cada proteína. Entre uma coisa e outra, foi preciso provar que a substância da hereditariedade era o DNA, e não uma proteína, façanha nem sempre lembrada de Oswald Avery, em 1944. Depois, desvendar a organização bioquímica tridimensional do ácido, o feito muito mais famoso dos então obscuros Watson e Crick, em 1953, que derrotaram na corrida ninguém menos que Linus Pauling. O evento, que agora completa meio século, foi seguido de quase uma década de esforços para decifrar a relação entre essa estrutura e a das proteínas, capitaneados por Crick e pelo físico russo-americano George Gamow, ambos batidos na disputa pelo desconhecido Marshall Nirenberg, que corria por fora.

Na Conclusão, serão retomadas algumas descobertas e refinamentos da pesquisa genômica que, assim como a interferência de RNA, estão reformulando a visão dos genes e do papel do DNA. Serão também oferecidas algumas indicações sobre o que se pode e deve esperar das biotecnologias, à luz – ou na penumbra – da complexidade assim revelada. Espera-se com isso que este pequeno volume se torne uma contribuição para que mais admiradores da biologia, molecular ou não, venham a perceber quanta sabedoria há na frase do geneticista de populações norte-americano Richard Lewontin, um crítico precoce e incansável da megalomania genômica: "Nossa biologia fez de nós criaturas que estão constantemente recriando seu ambiente psíquico e material, e cujas vidas individuais são os resultados de uma extraordinária multiplicidade de trajetórias causais entrecruzadas. Portanto, é a nossa biologia que nos torna livres".[14]

[14] *The Doctrine of DNA: Biology as Ideology*. London: Penguin, 1993.

1. COMO FUNCIONA A DUPLA HÉLICE

Muito do fascínio que a imagem da dupla hélice de DNA desperta vem da elegância e da engenhosidade da estrutura da molécula, talvez um dos melhores exemplos na natureza em que forma e função se encontram tão estreitamente vinculadas que levantam a suspeita de não serem coisas muito diferentes. O fato de dividir-se em metades simétricas mas não idênticas, apenas complementares, sugere quase intuitivamente sua propriedade principal, a de um molde. E é com base nessa função de molde que o DNA é mobilizado na célula para tomar parte em dois processos fundamentais da vida: transmitir à próxima geração de células ou de organismos os requisitos mínimos para que sejam capazes de sintetizar o repertório de dezenas de milhares de proteínas que caracteriza a espécie (pela duplicação do próprio DNA e, portanto, dos cromossomos na divisão celular) e fornecer à célula as especificações para que ela construa corretamente cada uma das proteínas de que venha a precisar a cada momento em seu metabolismo (pela **transcrição** de DNA em RNA e pela **tradução** do RNA na seqüência determinada de aminoácidos que caracteriza cada proteína).

Falar em engenhosidade e elegância pode dar a impressão de que existe um arquiteto por trás da estrutura do DNA, como se houvesse um desígnio ou projeto anterior ao surgimento da própria molécula no mundo. Embora muita gente acredite em várias versões dessa idéia, a ciência ocidental converteu-se a partir do século 17, pelo menos, a uma concepção mais mecanicista das coisas terrenas, tentando explicá-las apenas com base no que pode ser materialmente comprovado a respeito delas, em experimentos. Certamente, há muitas coisas neste mundo que não podem ser explicadas nem conhecidas por essa via, como os desígnios de cada ser humano e o que neles possa haver de arbitrário ou necessário, mas ela basta para entender o DNA – embora talvez nunca se venha a desvendar como ele surgiu sobre a Terra, pois não parece provável que o homem consiga reproduzir experimentalmente, com precisão e certeza, os parâmetros bioquímicos de mais de 3 bilhões de anos atrás, quando, especula-se, a seleção natural começou a agir sobre moléculas orgânicas muito complexas, antes mesmo de ter surgido a vida.[15]

---

[15] Hoje, a teoria mais popular entre os cientistas sobre a origem da vida é chamada de "mundo de RNA", segundo a qual os primeiros organismos unicelulares, provavelmente parentes de bactérias muito primitivas, foram precedidos pela evolução de complexos de moléculas orgânicas cada vez maiores. Era uma verdadeira sopa primordial, em que o RNA (e não o DNA) deve ter assumido papel crucial, pois não só possui (como o DNA) a capacidade de memorizar a seqüência de proteínas, mas também (diferentemente do inerte DNA) conta em algumas de suas formas com propriedades catalisadoras, ou seja, pode desencadear e acelerar reações químicas.

A MOLÉCULA COM ESTILO

Se o DNA tivesse contado com outro arquiteto que não a inconsciente e cega seleção natural, certamente pertenceria a uma escola minimalista. A proeza de empacotar bilhões de letras químicas no espaço diminuto de um núcleo celular,[16] como no caso das células humanas, é realizada com a ultracompactação de uma longuíssima fibra de apenas dois elementos estruturais básicos, que se repetem indefinidamente: um andaime formado de um açúcar (**desoxirribose**) e de um **fosfato** (molécula com um átomo de fósforo cercado por quatro de oxigênio), compondo as laterais da escada de pintor torcida; e as **bases nitrogenadas** que as interligam, fazendo os degraus. São duas bases nitrogenadas em cada degrau, unidas entre si por um tipo de ligação química tênue conhecida como **ponte de hidrogênio** (que pode tanto ser construída quanto desfeita com relativamente pouca energia), formando os famosos **pares de bases**.

O leitor mais atento poderá notar no desenho ao lado que há quatro tipos de base, designados por letras: A (adenina), T (timina), C (citosina)e G (guanina). Eles se alternam ao longo da cadeia sem observar uma ordem particular, enquanto o andaime de açúcar desoxirribose e fosfato não varia nunca, repetindo-se monotonamente. Se o leitor for ainda

---

[16] Um micrômetro (milésimo de milímetro) de diâmetro numa célula com dez micrômetros, ou o equivalente a um Fusca dentro de um apartamento de 50 metros quadrados, na comparação esclarecedora de Boyce Rensberger no livro *Life Itself*, onde também se lê que 250 células caberiam dentro do ponto final de uma oração.

A DUPLA HÉLICE "ABERTA"

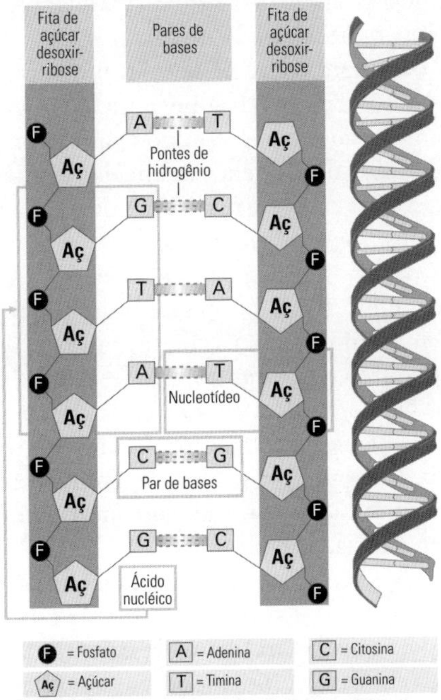

Fonte: NHGRI (EUA)

mais atento que o normal, ou lembrar algo das aulas de ensino secundário, poderá também reparar que, embora seja aleatória a seqüência das bases ao longo de cada metade da hélice dupla, os pares formados obedecem a uma regra fixa: A só se combina com T, e C só se combina com G. Esse emparelhamento específico constitui a alma, por assim dizer, da estrutura do DNA e representou a principal charada desvendada por Watson e Crick em 1953.[17]

[17] A história do caminho que os levou à descoberta é contada no capítulo 3.

A chave para compreender o emparelhamento é fornecida pela geometria das moléculas das bases. Em primeiro lugar, são todas as quatro planares, ou seja, cada uma delas tem todos os seus átomos no mesmo plano, como bolas de bilhar sobre a mesa do jogo. Em segundo lugar, a adenina só compõe par com a timina porque dentro da dupla hélice se encaixa apenas nessa molécula, com a qual forma duas pontes de hidrogênio; o mesmo se verifica com os formatos das moléculas de citosina e guanina, que, por sua vez, estabelecem entre si três pontes de hidrogênio (e não duas).[18] Como num quebra-cabeças, a peça errada estraga a arquitetura do conjunto – por exemplo, se uma metade da hélice dupla tiver um C em determinada posição e a outra metade tiver um A ou um T na mesma posição, o degrau não se fechará direito, e a escada não poderá continuar se torcendo indefinidamente com a mesma elegância.

O emparelhamento segundo a regra fixa A-T (ou T-A) e C-G (ou G-C) constitui a alma do DNA porque evidencia a característica mais saliente da molécula: cortada ao meio, como quem abre um zíper (fecho *éclair*, dizia-se antigamente), cada metade fornece um molde fiel para a reconstituição da cadeia original, com exatamente a mesma seqüência de pares de bases. Se fosse um livro bilíngüe, com o texto em alemão nas páginas pares e em português nas ímpares, o DNA seria um livro mágico: quem fotocopiasse todas as páginas e separasse as ímpares das pares veria as últimas

---

[18] Como se pode notar no desenho da página ao lado, guanina e adenina têm formato similar (um hexágono e um pentágono de átomos de carbono e nitrogênio) e, com efeito, pertencem a uma mesma classe química, a das substâncias conhecidas como purinas. O mesmo acontece com citosina e timina (basicamente, um hexágono), da família das pirimidinas.

OS PARES DE BASES

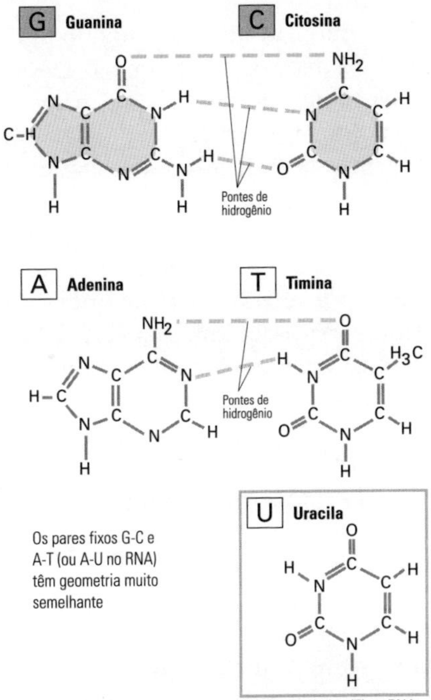

Os pares fixos G-C e A-T (ou A-U no RNA) têm geometria muito semelhante

Substitui a timina (T) no RNA

Fonte: NHGRI (EUA)

gerarem a própria tradução para o português e as ímpares produzirem automaticamente uma destradução – ou seria retroversão? – para o alemão.

No caso do DNA, o dispositivo é tão simples quanto espantoso. Apesar disso, Watson e Crick aludiram a ele em seu famoso – e algo enfadonho – artigo para a revista *Nature* de 25 de abril de 1953 com três linhas que entraram para a história da ciência como um exemplo de laconismo só em aparência despretensioso: "Não escapou a nossa atenção que o emparelhamento específico que postulamos sugere imediatamente um possível mecanismo de cópia para o material genético".[19]

Assim como não existe no mundo um livro que se traduza e destraduza a si mesmo, o DNA, embora simples e elegante, não chega a ser mágico. Sua duplicação está longe de ser um processo simples, pois envolve dezenas de moléculas especializadas presentes no núcleo da célula, sobretudo **enzimas** (proteínas com propriedades catalíticas, quer dizer, altamente especializadas em acelerar determinadas reações e processos). Comece por refletir sobre a complicação que é, para a maquinaria bioquímica da célula, "ler" a parte interna de uma estrutura liliputiana[20] mesmo na escala diminuta do núcleo celular e, ainda por cima, torcida sobre si mesma. Para piorar, o paralelismo das duas hélices do DNA é imperfeito: cada cadeia de açúcares e fosfatos das laterais corre em sentido inverso, com os átomos que as formam arranjados em posições invertidas (fato indicado no desenho da p. 23 pelos pentágonos que representam os açúcares virados para cima, à esquerda, e para baixo, à direita). Uma fita se orienta no sentido 5'-3', e a outra, no sentido 3'-5'(uma referência à posição dos átomos de carbono na molécula do açúcar desoxirribose), segundo a notação dos biólogos moleculares para designar a polaridade, ou direcionalidade, da molécula.

---

[19] *Nature*, v. 171, April 25, 1953; p. 737.

[20] A largura de cada base é da ordem de um nanômetro (milionésimo de milímetro, abreviado nm), ou o equivalente a dois milímetros dentro de um Fusca, se o núcleo celular tivesse o tamanho do carro. Sua espessura é de 0,34 nm. Cada volta completa da hélice de DNA tem 3,4 nm, e dentro dela cabem, portanto, nada menos que dez pares de bases. É bem apertado.

A DUPLICAÇÃO DO DNA

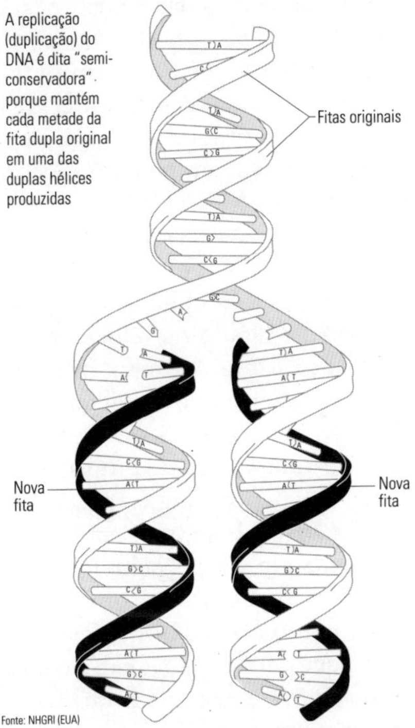

Fonte: NHGRI (EUA)

Há enzimas especializadas em desenrolar a hélice (chamadas helicases) demolindo as pontes de hidrogênio e abrindo uma "bolha" (forquilha) no DNA, para que ele possa ser copiado e duplicado. Há enzimas para destorcer o DNA abaixo da forquilha (as girases). Há enzimas para fabricar a cadeia complementar (as DNA-polimerases), que lêem e duplicam continuamente uma das fitas (5'-3'), mas que têm de fazer o mesmo aos saltos, na outra (3'-5'), indo e voltando na seqüência do molde que corre no sentido "errado" (ou contrário). Há proteínas que se ligam às duas fitas separadas dentro da "bolha", para estabilizálas e impedir que voltem a reunir-se numa fita dupla (reibridização, como se diz no jargão biomolecular). Há enzimas que servem só para ligar trechos contíguos de DNA recém-sintetizados (as ligases), pois a cópia da fita "atrasada" resulta em pedaços descontínuos de DNA (e a duplicação é iniciada ao mesmo tempo em vários pontos de um cromossomo, produzindo vários pedaços que precisam ser emendados).

Apesar de tanta complicação, o processo todo corre relativamente rápido, na velocidade de 50 a 500 nucleotídeos (bases) por segundo, mas com notável precisão: apenas um erro em 10 mil nucleotídeos, taxa que cai para um em 1 milhão, ou mesmo um em 10 milhões, com a intervenção de propriedades corretivas da enzima DNA-polimerase. Uma célula humana consome cerca de sete horas para copiar as dezenas de milhares de genes espalhados pelos 6 bilhões de bases contidos nos 23 pares de cromossomos em seu núcleo – uma proeza, como destaca Boyce Rensberger: "Esse é um tempo bem longo, mas, afinal, é o equivalente a ler mil livros de 500 páginas em que cada letra impressa representa um nucleotídeo numa célula".[21] Leitura dinâmica, é o mínimo que se pode dizer.

Por fim, e antes de passar para a explicação do ainda mais barroco processo de expressão gênica (transcrição de DNA em RNA e tradução de RNA na cadeia de aminoácidos que compõe a proteína), cabe lembrar que o modelo da estrutura do DNA – a célebre dupla hélice – não é mais do que isso: um modelo. Nem a estilosa escada torcida desfilada pela primeira

---

[21] *Life Itself*, p. 127.

vez no artigo de 1953 nem a variante em que as hélices são apinhadas de bolinhas no lugar de átomos são representações realistas da molécula da hereditariedade, uma vez que o andaime de açúcares e fosfatos não assume na realidade a forma de uma serpentina, pares de bases não são de fato bastões, tampouco átomos têm a exata conformação de esferas. Tudo isso são simplificações necessárias, que se mostram úteis para estudar e entender as propriedades de substâncias importantes como o DNA, mas que merecem também ser lembradas como construções finitas e precárias do conhecimento humano, e não tanto como imagem e semelhança da substância da vida.

A DUPLA HÉLICE "FECHADA"

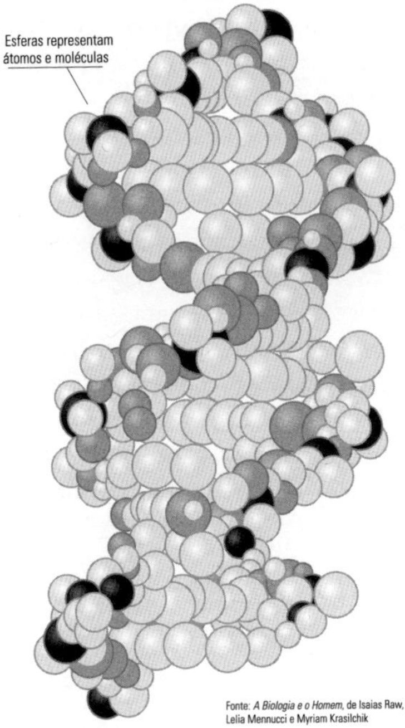

Fonte: *A Biologia e o Homem*, de Isaias Raw, Lelia Mennucci e Myriam Krasilchik

O ENGENHO DA CÉLULA

O DNA seria uma molécula bela, porém fútil, se a sua única característica fosse permitir cópias rápidas e fiéis de si mesma. Ocorre que ela, com o restante da maquinaria bioquímica da célula, também participa de um processo tão ou mais fundamental para a vida: a síntese de cada uma das proteínas da coleção que caracteriza um organismo em suas peculiaridades (traços individuais) e como membro de determinada espécie.[22] Cada proteína tem sua identidade determinada pela estrutura tridimensional que assume depois de fabricada pela célula, e essa estrutura é, em grande parte, condicionada pelo número e pela ordem de suas peças básicas, os **aminoácidos**, dos quais há um total de 20 tipos. Como a seqüência de aminoácidos em cada proteína se baseia, em última instância, na seqüência de bases de um ou mais trechos de DNA, pode-se dizer genericamente que o DNA especifica proteínas, e cada uma dessas especificações compõe o que se chama de **gene**. Se é que há sentido em falar de informação contida no DNA, é nesta acepção que se admite fazê-lo: cada gene contém a informação necessária para sintetizar determinada proteína, e é o conjunto dessas informações genéticas que se transmite para a próxima geração de células ou de organismos por meio da replicação do DNA.

A primeira complicação decorre do fato de que menos de 2% do DNA humano contém seqüências

---

[22] Essa coleção é chamada de "proteoma", por analogia com "genoma", a série completa de genes da espécie. Em princípio, existe correspondência entre cada um dos elementos dos dois conjuntos, ou seja, cada gene tem seu correspondente numa proteína. Mas tal correspondência é mais complicada que isso, como se verá na Conclusão.

especificadoras, que merecem ser chamadas genes nesse sentido estrito. Os restantes 98%, cuja função ainda é mal conhecida, é em geral chamada *junk DNA* (DNA-lixo), denominação que diz mais sobre o grau de ignorância alcançado pela ciência da genômica do que sobre o funcionamento real dos cromossomos na célula. E esses genes, entendidos como seqüências especificadoras de proteínas, não são estruturas lineares, que começam em determinado ponto do cromossomo e terminam em outro, ambos claramente identificáveis.[23] Ao contrário, nos organismos ditos eucariotos (cujas células têm núcleos definidos) eles se apresentam em vários pedaços ao longo dos cromossomos, em seqüências parciais chamadas **éxons** que vêm interrompidas por várias outras intercaladas, ditas **íntrons**. Embora um gene humano típico tenha entre mil e 2 mil pares de bases nos seus éxons (seqüências especificadoras), a seqüência total ao longo do cromossomo sobe para 20 mil a 100 mil quando considerados os íntrons (seqüências não-especificadoras intercaladas). O mais longo gene humano conhecido, relacionado com a proteína distrofina (importante para a estrutura das células de músculo), se estende por 2,4 milhões de bases, das quais só 14 mil efetivamente especificam aminoácidos para a distrofina.[24] Como é pouco provável que íntrons sejam apenas seqüências intrometi-

---

[23] Como será explicado nos capítulos 2 e 3, a palavra "gene" foi cunhada em 1909 – 35 anos antes da descoberta de que o DNA era a substância da hereditariedade e 31 anos antes de postulada sua correspondência com enzimas e proteínas – para designar entidades abstratas, as unidades de hereditariedade que Gregor Mendel chamava de "fatores". Os mecanismos bioquímicos efetivos que a biologia molecular foi desvendando após os anos 1950 acabaram sendo retrospectivamente definidos como a "carne" de um esqueleto conceitual muito anterior a ela.

[24] Carina Dennis e Richard Gallagher, *The Human Genome*, p. 19.

das, sem nenhuma função, trabalhos recentes argumentam que uma proporção muito maior que 2% do genoma pode ser incluída na categoria "genes".[25]

A leitura do DNA pela célula é feita em dois passos, chamados **transcrição** e **tradução** (como se vê, na compreensão do funcionamento da dupla hélice, é enorme o peso das metáforas de escrita e codificação). A primeira delas ocorre ainda dentro do núcleo celular, enquanto a segunda etapa se dá já no citoplasma (o "corpo" da célula, que compõe cerca de 90% de seu volume).

Na transcrição, a primeira etapa, só determinado trecho de DNA num dos cromossomos é copiado, mas não na forma de outra fita de DNA, e sim na de uma fita simples do outro ácido nucléico, o **RNA**.[26] Esse RNA, produzido com o auxílio de enzimas especializadas (RNA-polimerases) e batizado **RNA primário**, é no primeiro momento o contramolde exato de toda a seqüência de DNA percorrida pela RNA-polimerase (exatamente da maneira que acontece quando a DNA-polimerase percorre a cadeia para duplicá-la). O RNA assim produzido, portanto, contém todos os íntrons e éxons presentes no trecho em questão do cromossomo. Ainda dentro do núcleo, ele é submetido ao **processamento** (cientistas, mesmo brasileiros, costumam usar o vocábulo inglês *splicing* para referir-se a esse fenômeno), em que os íntrons

---

[25] Sandro de Souza, comunicação pessoal, 29 de janeiro de 2003.

[26] O *á*cido *ribo*nucléico, que se diferencia do desoxirribonucléico por algumas variações na estrutura do açúcar que compõe o andaime da fita, nesse caso a ribose, e não a desoxirribose. Além disso, no RNA a timina do DNA é substituída por uma base muito semelhante, a uracila (U). Normalmente, o RNA forma não uma fita dupla, como seu primo DNA, mas uma fita simples, como a escada de pintor cortada na metade de cada degrau.

são excluídos e os éxons, reunidos, originando o que se chama de **RNA mensageiro** (mRNA).

TRANSCRIÇÃO E TRADUÇÃO

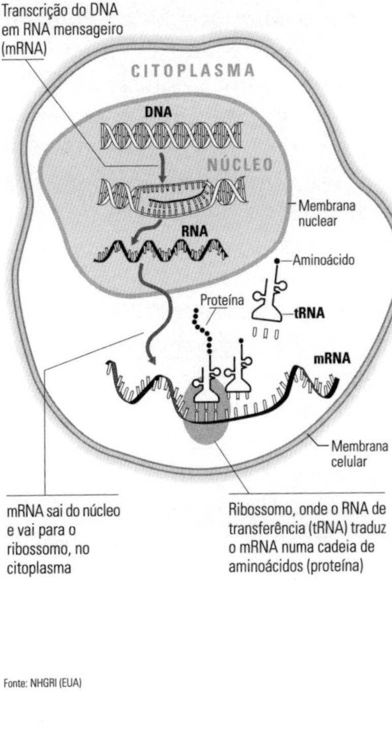

Fonte: NHGRI (EUA)

Já processado – quer dizer, preparado para a síntese das proteínas –, o mRNA sai do núcleo por poros e migra para o citoplasma, onde se dá a segunda etapa, de tradução. Como o leitor pode já ter desconfiado, quatro bases nitrogenadas são insuficientes para que uma delas especifique cada um dos aminoácidos, pois estes somam 20. Duas bases seguidas, que geram 16 combinações possíveis de letras, ainda seriam insuficientes. Se um é pouco e dois é quase bom, três já é demais (64 permutações), mas foi essa a "solução" da natureza para a correlação entre nucleotídeos (bases) e aminoácidos: "palavras" de três caracteres para significar cada um dos aminoácidos e algumas marcas de "pontuação", como as indicações para iniciar e terminar a replicação de uma seqüência de DNA. Essas unidades de tradução DNA-RNA-proteína são chamadas **códons**.

Assim como dois chefes de Estado monoglotas precisam de intérpretes fluentes nas línguas maternas de ambos os dignitários para garantir a produtividade de suas reuniões de cúpula, a célula também recorre a intermediários para converter a "linguagem" dos ácidos nucléicos no idioma das proteínas. A cúpula é realizada no recinto dos **ribossomos**, uma das muitas maquinarias especializadas da célula que vários biólogos incluem entre as **organelas**; há milhares de ribossomos no citoplasma de uma célula típica. Aqui, a metáfora da reunião de cúpula já começa a capengar, pela simples razão de que o segundo chefe de Estado – além do mRNA enviado pelo núcleo – só chega para a reunião quando ela termina; mais precisamente, esse outro estadista celular – a proteína – resulta do próprio encontro.

Da cúpula propriamente dita, quem participa são os intérpretes, um tipo especial de RNA chamado **RNA de transferência** (tRNA), que carrega uma "chave" de apenas três bases ou "letras" e a propriedade de acoplar-se tão-somente ao aminoácido especificado por esses três nucleotídeos. Os tRNA encaminham os aminoácidos para o ribossomo e, quando se encaixam (hibridizam) com os códons do mRNA que passam naquele instante pelo sítio de leitura, cada um agrega um novo aminoácido à cadeia da proteína que está sendo sintetizada. Como que para não deixar dúvida de que o verdadeiro protagonista desse processo de transcrição e de tradução é o RNA, a peça central da organela ribossomo, onde acontece a síntese da cadeia da proteína, também é composta de mais um tipo especial de ácido ribonucléico (**RNA ribossômico**, ou rRNA). Há indicações de que é muito alta a conservação evolutiva dessa peça central do ribossomo: embora haja muita variação entre as proteínas usadas pelas diversas espécies mesmo quando realizam funções semelhantes,[27] a seqüência do rRNA é quase idêntica em todos os seres vivos, talvez o que de mais próximo exista de universal no domínio por excelência da variação, o dos organismos (a variedade, afinal, é a matéria-prima da evolução).

Cada proteína, por sua vez, depois de ter sua cadeia de aminoácidos fabricada pelo ribossomo, inicia um processo de **enovelamento** (*folding*), em que as cargas elétricas dos átomos e das moléculas definem quais de suas regiões vão se atrair ou repelir umas às outras, dando a forma final no espaço que ocuparão os módulos básicos conhecidos como **folhas beta** e **hélices alfa**. O aminoácido cisteína, por exemplo, liga-se preferencial e fortemente com outra molécula de cisteína, formando virtuais "pontos de solda", como descreveu Boyce Rensberger.[28] Aminoácidos têm, além disso, propriedades hidrofílicas (atraem moléculas de água) ou hidrofóbicas (repelem água), o que também

---

[27] É por isso que órgãos e tecidos de outros animais provocam reações em pacientes humanos, nos chamados xenotransplantes.

[28] *Life Itself*, p. 103.

influencia o enovelamento da proteína. Mas esse processo não ocorre de modo inteiramente espontâneo, já que a cadeia da proteína em conformação pode necessitar da ajuda de outras proteínas para atingir, entre as muitas configurações tridimensionais possíveis, aquela compatível com sua função bioquímica nesse instante da vida da célula. Tais proteínas auxiliares interagem com a proteína recém-criada, "massageando-a" até que ela "relaxe" e assuma sua forma final, e foram batizadas com um nome curioso: "chaperoninas", de *chaperones* (acompanhantes, em inglês).

GLÓRIA E IGNORÂNCIA DA BIOLOGIA MOLECULAR

Se os processos de transcrição e de tradução não lhe parecem nada simples, saiba que, na intimidade da célula, é ainda mais complicado. Antes de alcançar o ribossomo, o mRNA pode em casos raros passar ainda por mais transformações na sua seqüência, ganhando ou perdendo bases nitrogenadas, fenômeno ainda não muito compreendido que é conhecido como **edição** (*editing*, em inglês). Com tudo isso – cópia do DNA na forma de RNA, retirada de íntrons, edição do RNA, sua migração para o ribossomo, síntese da cadeia de aminoácidos e enovelamento controlado da proteína final –, a **expressão gênica** também pode ser encarada como um processo relativamente eficiente e rápido, a exemplo da replicação do DNA. Em seu metabolismo normal, os milhares de ribossomos de uma célula humana típica realizam cerca de 1 milhão de reações químicas por segundo para acoplar um aminoácido na cadeia de uma nova proteína, e 2

OS QUATRO NÍVEIS DE ORGANIZAÇÃO DAS PROTEÍNAS

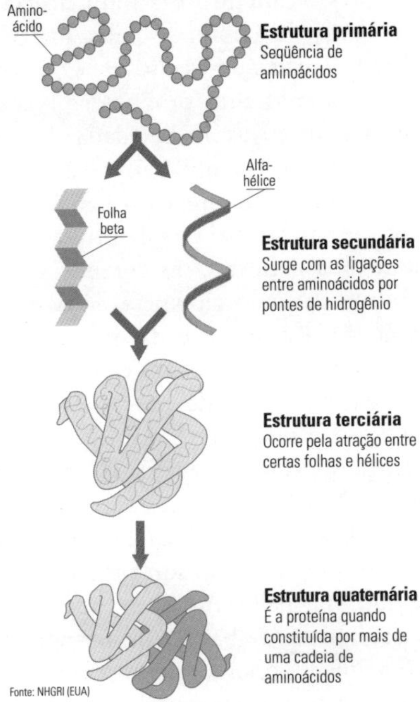

Fonte: NHGRI (EUA)

mil delas são finalizadas pela célula nesse mesmo intervalo de tempo.[29] Multiplique isso por 10 trilhões, que é o número aproximado de células em seu corpo, e você terá uma idéia perfeitamente inapreensível da complexidade que o mantém vivo.

De todo modo, o importante a reter sobre tanta complexidade é que, no processo de transcrição e tra-

[29] *Life Itself*, p. 103.

dução, a seqüência de DNA presente no cromossomo passa por duas transformações significativas: a excisão de íntrons (processamento) e a mudança (ainda que pontual) do próprio conteúdo soletrado, na edição. Ou seja, há algo mais que trechos de DNA ditando a especificidade das proteínas produzidas pela célula, e a tecnociência mais jovem e badalada do campo da biomedicina – a biologia molecular – ainda está muito distante de uma compreensão cabal de todos os processos e mecanismos aí envolvidos.

Quem olha para trás, no entanto, e contempla todo o caminho já percorrido pela biologia molecular na descrição das estruturas e das interações entre as substâncias cujo concerto resulta no fenômeno complexo da vida, não pode deixar de espantar-se com tudo o que já foi descoberto. Afinal, são apenas seis décadas desde que Oswald Avery identificou inequivocamente o DNA como a substância do mecanismo de hereditariedade, cinco desde que a estrutura do DNA foi desvendada por James Watson e Francis Crick, quatro desde que Marshall Nirenberg comprovou a relação entre seqüências de bases e de aminoácidos e três desde que Stanley Cohen e Herbert Boyer descobriram como cortar e mover pedaços de DNA pelo genoma, dando origem à engenharia genética. Seja pela personalidade de seus protagonistas, seja pela engenhosidade dos métodos que inventaram, seja pelas conseqüências das tecnologias que suas descobertas engendraram, a história da pesquisa sobre o DNA constitui uma das mais intrigantes aventuras do conhecimento humano. Será narrada de forma sucinta nos próximos dois capítulos.

2. MENDEL, AVERY E CHARGAFF: DOS GENES AO DNA

Qualquer texto que se ocupe de narrar uma história de genes e DNA não tem como escapar da menção a Gregor Johann Mendel (1822-84), o monge agostiniano que passou nove anos (de 1856 a 1865) cruzando centenas de pés de ervilha (*Pisum sativum*) de forma controlada e, com isso, formulou as chamadas leis da hereditariedade. Seu laborioso experimento no mosteiro da cidade de Brünn (hoje Brno, na República Checa) costuma ser apresentado a secundaristas como o exemplo acabado de uma concepção tão popular quanto equivocada de pesquisa em ciência natural, a indução: Mendel teria tido o lampejo sobre a expressão matemática da regularidade na herança dos caracteres de tanto vê-la repetir-se diante de seus olhos, sem partir de noções preconcebidas sobre a questão.

Não foi bem assim, nem poderia ter sido, como ressalta Ernst Mayr, pois a própria arquitetura da investigação denuncia que o monge trabalhava segundo o método hipotético-dedutivo: "Todo o planejamento dos seus experimentos, o exercício do seu método, bem como a escolha do seu material, não permitem outra interpretação a não ser que, desde o início de sua obra, Mendel tinha uma teoria bem elaborada em sua mente, e que os seus experimentos de fato consistiram em testar essa teoria".[30]

Com efeito, os pares de características das sucessivas gerações que ele observou sistematicamente, como a cor dos grãos de ervilha e a aparência de sua pele (lisa ou rugosa), parecem ter sido escolhidos a dedo para evidenciar o fato de características serem herdadas de forma discreta, ou seja, sem um contínuo de variação entre elas (o grão é verde *ou* amarelo, liso *ou* rugoso). Além disso, os pares de caracteres escolhidos eram transmitidos de uma geração a outra de modo independente: o grão verde pode ser liso ou rugoso, e o amarelo, idem. Hoje, sabe-se que tal segregação de caracteres ocorre com tanto maior probabilidade quanto mais distantes estão no cromossomo os genes com eles associados; inversamente, quanto mais próximos os genes, maior a chance de que as características apareçam reunidas na prole, em razão da decrescente probabilidade de que os dois trechos de DNA sejam separados num evento de **recombinação** cromossômica.[31]

Trabalhando com tal configuração, Mendel se viu em condições de verificar estatisticamente, com sucessivos cruzamentos, o que provavelmente foi sua maior

---

[30] *O Desenvolvimento do Pensamento Biológico*, p. 795.

[31] Também chamado *crossing-over*, esse fenômeno acarreta a troca de pedaços inteiros entre cromossomos pareados (homólogos), durante a divisão celular que origina os gametas (meiose).

intuição: que cada traço hereditário é determinado por um par de fatores herdados – um do pai e outro da mãe –, e que esses fatores podem ser dominantes (basta um deles no par para induzir a característica, os famosos "AA", ou "azões", das aulas de biologia)[32] ou recessivos (são necessários dois fatores iguais para que se manifeste a característica, os "aa", ou "azinhos"). Ao cruzar plantas de sementes lisas e amarelas com outras de sementes rugosas e verdes, Mendel verificou que resultavam quatro combinações desse par de características na segunda geração. Numa bateria de cruzamentos, por exemplo, obteve 350 sementes lisas e amarelas, 108 lisas e verdes, 101 rugosas e amarelas e 32 rugosas e verdes – quantidades que se aproximam muito da proporção 9:3:3:1 que seria de esperar quando os caracteres "liso" e "amarelo" são dominantes e os caracteres "rugoso" e "verde", recessivos.[33] Muito tempo depois, houve até quem desconfiasse dessas estatísticas de Mendel e de que o pai da genética moderna tenha sido, na realidade, o primeiro caso de má conduta científica, dando uma maquiada nos dados (possibilidade abordada como ficção num romance curioso de Simon Mawer),[34] mas a suspeita carece de provas até hoje.

Mais que desconfiar dos números arduamente compilados por Mendel, é importante destacar a grande contribuição do monge-cientista: segundo Mayr, a erradicação dos últimos resquícios de uma crença na mescla de caracteres, estabelecendo que, se pai e mãe carregam o que Mendel chamou de "fatores" diferen-

---

[32] Tanto AA quanto Aa resultam na característica determinada por A.

[33] *O Desenvolvimento do Pensamento Biológico*, p. 801.

[34] *Mendel's Dwarf* (O Anão de Mendel). New York: Penguin, 1999.

tes para determinado traço, eles jamais se fundem, mas se separam sempre novamente, a cada formação de uma célula germinal (os gametas femininos e masculinos). Ainda que vagamente definidas como "fatores", Mendel estabilizou a idéia de unidades materiais discretas de hereditariedade: "Contrariamente aos fisicalistas [...], a hereditariedade de Mendel não era devida a forças ou excitações, mas sim a materiais concretos fornecidos pelas células ovarianas maternas e pelas células polínicas paternas. A base da herança era a *qualidade* das matérias parentais transmitidas", escreve Mayr.[35]

Faz parte também do folclore científico que se ensina aos jovens a suposta genialidade precoce dos experimentos de Mendel, cujos resultados teriam permanecido ignorados pela comunidade científica durante longos 34 anos. Com efeito, eles só começaram a repercutir amplamente na biologia a partir de 1900, quando foram redescobertos por três pesquisadores de maneira independente; mas não constitui verdade histórica que seu trabalho tenha sido inteiramente ignorado durante aquelas três décadas e meia. Os resultados foram apresentados numa conferência dada por Mendel em 1865, na Sociedade de História Natural de Brünn, e publicados em alemão no ano seguinte, num boletim da mesma sociedade, que foi enviado a 115 bibliotecas em vários países, inclusive à da Royal Society, no Reino Unido. Mendel também se correspondeu com um dos maiores biólogos da sua época, o suíço Karl Wilhelm von Nägeli (1817-91), que, segundo Mayr, não entendeu as teorias do monge ou simplesmente discordou delas e as desconsiderou. Por outro

---

[35] *O Desenvolvimento do Pensamento Biológico*, p. 803.

lado, esse foi o único trabalho importante que Mendel publicou, e decerto não ajudava para sua aceitação que ele trabalhasse com categorias tão abstratas quanto "fatores", para os quais não havia nem candidatos a correlatos no mundo físico, natural.

Em 1900, a ciência ainda se encontrava muito distante de encontrar esses correlatos materiais para os fatores de Mendel, mas a biologia celular já tinha avançado o suficiente para que eles começassem a fazer sentido. Numa dessas coincidências extraordinárias da história, no espaço de poucos meses do último ano do século 19, os botânicos Hugo Marie de Vries (1848-1935), holandês, Carl Correns (1864-1933), alemão,[36] e Erich von Tschermak-Seysenegg (1871-1962), austríaco, publicaram trabalhos sobre leis de hereditariedade que citavam as pesquisas do monge de Brünn, episódio que ficou conhecido como a redescoberta de Mendel – outro ícone da história da ciência biológica. Mas, na opinião de Judson, o que na realidade se redescobriu em 1900 foi o *método* de Mendel, vale dizer, a realização de experimentos e observações com organismos na quantidade e na forma controlada necessárias para determinar com certeza a distribuição estatística das formas encontráveis na prole: "Os princípios governam a genética até o dia de hoje. O método estatístico de Mendel permitiu-lhe rasgar a cortina de caracteres visíveis e quantificáveis que dá para uma realidade oculta de relações mais simples, puramente abstratas, discretas e elementares".[37]

---

[36] Mas também aluno de Nägeli e marido de uma sobrinha desse contemporâneo e correspondente de Mendel, o que, segundo Mayr, levanta a suspeita de que não seja sincera sua informação de que só descobriu os trabalhos do monge em 1900.
[37] *The Eighth Day of Creation*, p. 181.

As abstratas unidades hereditárias que Mendel chamava de fatores foram batizadas como "genes" em 1909, pelo biólogo evolucionista dinamarquês Wilhelm Johannsen. Os biólogos ainda não podiam localizá-los, mas já tinham uma boa idéia de onde poderiam estar: nos cromossomos. Afinal, em 1903, o estudante de pós-graduação norte-americano Walter Sutton e o zoólogo alemão Theodor Boveri já haviam descoberto, de modo independente – mais uma coincidência a demonstrar como laboratórios do mundo todo convergiam para a solução dos mesmos problemas –, que esses pares de filamentos visíveis na divisão celular trocavam pedaços entre si e se separavam, na formação de células germinativas, para voltar a reunir-se na fertilização, num padrão de segregação e pareamento suspeitamente coerente com as regularidades mendelianas. Com essas e outras descobertas da época, a genética ganhou impulso notável no começo do século 20, pela mão de cientistas como o norte-americano Thomas Hunt Morgan (1866-1945) e seus animais-modelos maravilhosos, sobretudo a mosca drosófila, ou mosca-das-frutas (*Drosophila melanogaster*), e se institucionalizou como ciência autônoma e promissora, como fica patente pela concessão do Nobel de 1933 para Morgan.

UM ÁCIDO MISTERIOSO

Se o trabalho de Mendel ficou esquecido por 34 anos, o de seu contemporâneo suíço Johann Friedrich Miescher (1844-95) permanece negligenciado até o presente na maior parte das aulas e dos textos de biologia. Conforme o relato de Judson, ele contava apenas 24 anos de idade quando foi estudar na Universidade de Tübingen (Alemanha), em 1868, com o químico Ernst Felix Hoppe-Seyler, mais conhecido por ter batizado a proteína hemoglobina (que transporta oxigênio nos glóbulos vermelhos do sangue, as hemácias).[38] O jovem suíço estava particularmente interessado na química do núcleo celular, um corpúsculo difícil de separar intacto do restante da célula, o que Miescher conseguiu pela manipulação de células de pus (glóbulos brancos). Um ano depois de sua chegada à universidade, e apenas três depois da publicação do trabalho de Mendel, Miescher encontrou um composto ácido e rico em fósforo, ao qual deu o nome de nucleína (na realidade, um complexo de DNA e proteínas comum nos cromossomos, como hoje se sabe). De volta à Basiléia, na Suíça, Miescher encontrou um objeto de trabalho mais apropriado: espermatozóides de salmões (os quais ainda povoavam o vizinho rio Reno), que têm grandes núcleos. Em 1889, um aluno seu, Richard Altmann, introduziu o termo "ácido nucléico".

Miescher não tinha nenhuma base firme para desconfiar de quais seriam as funções da substância que descobrira, mas fez especulações que, muitos anos depois, se revelariam premonições. Numa carta escrita a um tio em 1892, ele afirmou que as grandes moléculas de que se ocupava a biologia, como as proteínas, compostas de longas cadeias de elementos básicos mas não-repetitivos, seriam adequadas para expressar toda a variedade das características hereditárias, "exatamente como palavras e conceitos de todas as línguas podem encontrar sua

---

[38] *The Eighth Day of Creation*, p. 11.

expressão nas 24 letras do alfabeto".[39] Ao que parece, Miescher não só descobriu quimicamente o DNA, mas também estabeleceu a metáfora código-lingüística para explicar a biologia da hereditariedade, e, o que se afigura mais estranho, sem ter relacionado diretamente uma coisa com a outra. Ele e seus alunos continuaram a trabalhar na caracterização do ácido nucléico, mesmo sem conhecerem sua função, e logo se comprovou que ele estava presente em todas as células. No começo do século 20, já estavam identificados e descritos seus três compostos essenciais, o açúcar (desoxi)ribose, os fosfatos e as bases nitrogenadas (adenina, timina, citosina, guanina e uracila), cuja organização foi apresentada no capítulo 1.

A substância misteriosa continuou a ser estudada, segundo a narrativa de Judson, e se descobriram várias coisas sobre ela. Por exemplo, que estava presente em todos os organismos, que era o principal componente dos cromossomos e que havia dois tipos de ácido nucléico, o DNA e o RNA, com pequenas diferenças de composição e estrutura. A proporção entre as quatro bases, porém, continuava um enigma. Phoebus Aaron Levene, do Instituto Rockefeller de Pesquisa Médica, nos Estados Unidos, chegou a propor que as quatro bases principais (A, T, C e G) se repetiam no DNA, com os nucleotídeos alternando-se em grupos de quatro, sempre numa ordem fixa, o que ficou conhecido como "hipótese do tetranucleotídeo". Na época, porém, não havia meios analíticos refinados o bastante para verificar a exata proporção das bases entre si e, assim, para confirmar ou refutar a hipótese de Levene.

---

[39] *The Eighth Day of Creation*, p. 12.

A confirmação de que o DNA era de fato a substância portadora da hereditariedade viria somente em 1944, pelas mãos de outro pesquisador do Instituto Rockefeller, Oswald Theodore Avery (1877-1955), um médico de formação. Para Ernst Mayr,[40] a descoberta de Avery foi uma das mais importantes em biologia no século 20 (ao lado do desvendamento da estrutura do DNA por Watson e Crick – o que faz sentido, pois estes não se dariam ao trabalho de estudar a molécula com tanto afinco se não estivesse estabelecida sua íntima relação com a transmissão genética). O trabalho memorável foi publicado com a assinatura de Oswald T. Avery, Colin M. MacLeod e Maclyn McCarthy na publicação especializada *The Journal of Experimental Medicine*, sob um título capaz de afugentar até mesmo alguns especialistas na matéria: "Indução de transformação por uma fração de ácido desoxirribonucléico isolado de pneumococos tipo III".[41]

Bactérias como os pneumococos de Avery (*Streptococcus pneumoniae*) são organismos excelentes para pesquisas genéticas porque se reproduzem rapidamente, com tantas gerações em três ou quatro dias quantas a humanidade teve desde que surgiu, há provavelmente uns 100 mil anos. A *S. pneumoniae* forma dois tipos de colônia nas placas de Petri (espécie de discos de vidro ou plástico sobre os quais células são cultivadas em laboratório), uma conhecida como R (de *rough*, "áspera", em inglês) e a outra como S (de *smooth*, "lisa"),

---

[40] Entrevista a Marcelo Leite, caderno "Mais!" da *Folha de S.Paulo*, em 29 de agosto de 1999. Republicada em Adriano Schwartz (org.), *Memórias do Presente: 100 Entrevistas do "Mais!"– 1992-2002* (São Paulo: Publifolha, 2003).

[41] *Journal of Experimental Medicine*, v. 79, February 1, 1944; p. 137-58.

nomes que receberam pelo aspecto que assumem as colônias quando crescem. A variedade S é muito virulenta e pode matar animais de laboratório. Ela tem a capacidade de sintetizar em torno de si uma capa de açúcares que a protege do sistema de defesa dos organismos que infecta. Já o tipo R é composto de mutantes que perderam essa capacidade e, com ela, a virulência da prima S, da qual se conhecem três subtipos, I, II e III.

Em 1928, um experimento realizado em Londres[42] deixara os biólogos intrigados: alguns camundongos que haviam recebido injeções de um preparado com *S. pneumoniae* tipo R (mutantes obtidos de S-II), vivas e inofensivas, mais bactérias S-III mortas por calor, acabavam depois morrendo infectados por *S. pneumoniae* S-III; vale dizer, do mesmo tipo que fora comprovadamente aniquilado por calor antes da injeção, o que parecia uma impossibilidade. Especulou-se então que alguma substância das bactérias mortas era assimilada pelas vivas – e inofensivas – R-II, transformando-as nas assassinas S-III. Mais ainda, verificou-se que a mudança era permanente e hereditária.

O experimento foi repetido em 1929 no laboratório de Avery no Instituto Rockefeller, em Nova York. Em seguida, um de seus colaboradores, James Lionel Alloway, obteve pela filtragem de bactérias S extraídas dos roedores mortos um caldo livre das células propriamente ditas e comprovou que esse caldo ainda tinha o dom de transformar bactérias inofensivas em virulentas. Identificar qual era a substância responsável

---

[42] Por Frederick Griffith, do Laboratório de Patologia do Ministério da Saúde britânico, o mesmo cientista que distinguiu os tipos S e R, em 1923, como relata Judson em *The Eighth Day of Creation*, p. 17.

por isso tornou-se a obsessão do grupo do Rockefeller, que a praticou por mais de uma década. O DNA passou a encabeçar a lista de suspeitos de Avery por volta de 1936, contra sua própria convicção de que proteínas deveriam ser a substância da hereditariedade. O problema passou então a ser a prova de que o DNA, e somente ele, sem outras substâncias associadas, compunha o "princípio de transformação", como diziam no laboratório.

Foram anos e anos de pesquisa. Primeiro, desenvolveram um método laborioso de purificação do princípio, que envolvia sucessivas lavagens com outras substâncias para extrair todo e qualquer vestígio de proteínas e dos açúcares típicos que compunham a capa da variedade virulenta da bactéria. As análises feitas com o resíduo resultavam em características que concordavam com tudo que se sabia sobre o DNA: as proporções de nitrogênio e fósforo, as fibras longas que se formavam na ponta de um bastão de vidro quando agitado numa solução do extrato, a absorção de luz ultravioleta na freqüência exata. O grupo mostrou ainda que, mesmo em concentrações baixíssimas, da ordem de uma parte em 600 milhões, seu extrato ainda era capaz de provocar a transformação misteriosa.

Mesmo após tantos testes, que adiaram a publicação dos resultados até 1944, Avery evitou afirmar com todas as letras no artigo que o DNA era o composto químico da hereditariedade, refugiando-se na cautela: "Se os resultados do presente estudo forem confirmados, então os ácidos nucléicos deverão ser encarados como possuidores de especificidade biológica, cuja base química ainda é indeterminada". Numa carta ao irmão Roy citada no livro de Judson, porém, Oswald Avery se permite ir além: "Se estivermos certos, e é claro que isto ainda não está provado, significará que os ácidos nucléicos *não* são apenas substâncias estruturalmente importantes, mas substâncias funcionalmente ativas que determinam as atividades bioquímicas e características específicas das células – e que, por meio de uma substância química conhecida, é possível induzir mudanças *previsíveis* e *hereditárias* nas células. Isso é algo que por muito tempo foi o sonho dos geneticistas... Soa como um vírus – talvez seja um gene".[43]

O ENIGMA DE CHARGAFF

Oswald Avery morreu em 1955. Ele contava já 67 anos quando, uma década antes, fora publicado o trabalho que mudou a face da biologia. Nunca recebeu um Nobel por isso, mas causou reviravoltas no trabalho de muitos cientistas, entre eles Erwin Chargaff, bioquímico de origem austríaca que trabalhava na Universidade Columbia, em Nova York. Depois de ter lido o trabalho de Avery em 1944, Chargaff quase imediatamente abandonou a pesquisa com lipoproteínas em seu laboratório e passou a investigar os ácidos nucléicos. Chargaff é um desses casos raros em que o cientista natural encarna também um pensador e um escritor, e mais tarde se revelaria um crítico amargo da nascente biologia molecular e da engenharia genética (o que talvez explique ser hoje mais fácil encontrar seus livros em alemão, a língua dos filósofos, do que em inglês ou português). Sobre a guinada em seus interesses biológicos, ele viria a escrever, mais de um

[43] *The Eighth Day of Creation*, p. 22.

quarto de século depois: "Avery nos deu o primeiro texto de uma nova língua, ou melhor, nos mostrou onde procurá-lo. Resolvi buscar esse texto. Conseqüentemente, decidi abandonar ou fazer com que chegasse a uma conclusão rápida tudo em que vínhamos trabalhando [...]. Mas essas bagatelas biográficas não podem ser de interesse para ninguém. Para o cientista, a natureza é um espelho que se quebra de 30 em 30 anos; e quem se importa com o vidro quebrado de tempos idos?"[44]

Os cientistas talvez não se importem (no caso do próprio Chargaff, isso não parece ter sido verdade), mas os historiadores da ciência, sim. Sobretudo quando se trata de uma descoberta que pode ter contribuído diretamente para um feito do porte do desvendamento da estrutura do DNA, e mais ainda quando seu autor não se dá conta das implicações mais amplas da própria descoberta, levando água para o moinho da glória alheia. O achado, no caso, entrou para a história como as "proporções de Chargaff", uma relação fundamental entre as bases nitrogenadas adenina, timina, citosina e guanina que se revelaria crucial para a compreensão do DNA.

Após cinco anos de pesquisas intensivas sobre a bioquímica dos ácidos nucléicos, o cientista da Columbia apresentou seus resultados numa série de conferências, resumidas em maio de 1950 sob o título "Especificidade Química de Ácidos Nucléicos e Mecanismos de Sua Degradação Enzimática".[45] Nesse trabalho, mais uma vez segundo o relato de Judson, Chargaff revela que as quatro bases ocorrem nas mais

---

[44] "Preface to a Grammar of Biology". Em: *Science*, v. 172, May 14, 1971.

[45] Em: *Experientia*, v. 6, May 1950; p. 201-9.

variadas proporções em espécies diferentes, como leveduras, bactérias, bois, ovelhas, porcos e humanos, o que de cara punha por terra a teoria dos tetranucleotídeos de Levene, do Instituto Rockefeller.[46] No DNA extraído de células do timo (glândula envolvida na produção de células de defesa chamadas linfócitos T) de seres humanos, por exemplo, Chargaff observou a seguinte distribuição: 28 partes de adenina, 19 de guanina, 16 de citosina e 28 partes de timina (ou 47 partes do par de purinas e 44 do de pirimidinas). Como que de passagem, escreveu: "É, no entanto, digno de nota – se isso é mais do que acidental, ainda não se pode dizer – que, em todos os ácidos desoxipentosenucléicos examinados até o momento, a proporção molar [isto é, molécula a molécula] entre o total de purinas e o total de pirimidinas, e também entre adenina e timina e entre guanina e citosina, não esteve longe de 1".[47]

O que Chargaff mediu, mas não pôde de imediato compreender, foi a principal pista antes da solução da molécula de DNA: há uma afinidade mais profunda entre A e T, de um lado, e C e G, de outro – precisamente o emparelhamento específico das bases que está na alma da molécula do ácido misterioso de Miescher e Avery e que daria a Watson e Crick a última peça do quebra-cabeças em 1953 e o Nobel em 1962. Os três – Chargaff, Watson e Crick – tiveram até um encontro pessoal em julho de 1952, em Cambridge, que só deixou más impressões nos participantes. Posteriormente, Chargaff diria ter certeza de que apresentara as proporções A-T e C-G aos dois

[46] Ver p. 47.

[47] Citado em *The Eighth Day of Creation*, p. 75.

neófitos em bioquímica do DNA; mas Watson e Crick alegariam que elas apenas eram consistentes com sua solução estrutural para o emparelhamento específico das bases, não tendo contribuído diretamente para a construção do modelo tridimensional. O fato é que, depois disso, Chargaff se tornou um crítico cada vez mais ácido da biologia molecular, a ponto de escrever, em 1971, a seguinte avaliação do trabalho de Watson e Crick: "Que em nossa época tais pigmeus projetem sombras tão gigantescas apenas mostra o avançado da hora".[48]

---

[48] "Preface to a Grammar of Biology" (ver nota 43); p. 641.

3. WATSON E CRICK, NIRENBERG, COHEN E BOYER: DO DNA ÀS PROTEÍNAS E AO RNA

Em sua alentada história da biologia molecular,[49] Horace Freeland Judson narra um episódio que deixa patente como a crônica das descobertas científicas também depende do acaso, senão de acontecimentos paralelos de outras vertentes da história humana, como a política. Ocorreu em abril de 1952, exatamente um ano antes do artigo de James Watson e Francis Crick na revista *Nature* que apresentaria a estrutura do DNA. O famoso químico norte-americano Linus Carl Pauling (1901-94) estava de viagem marcada para Londres, onde seria uma das estrelas de um encontro da Royal Society sobre estrutura de proteínas – afinal, ele resolvera matemática e espacialmente uma das estruturas fundamentais das proteínas, as chamadas hélices alfa, em outubro de

---

[49] *The Eighth Day of Creation*, p. 43.

1950.[50] Na última hora, foi impedido de viajar, porque o governo dos Estados Unidos lhe negara a renovação do passaporte, por suspeitas de atividades "antiamericanas" (aqueles eram os tempos da caça aos comunistas inspirada pelo senador Joseph McCarthy, e Pauling era um cientista que não deixava de externar suas opiniões, por exemplo, contra o uso militar da energia atômica).

Se tivesse ido, Pauling poderia muito bem ter tido acesso às imagens **cristalográficas** de DNA obtidas por Maurice Wilkins e Rosalind Franklin, no King's College de Londres, que depois seriam de tanta valia para Watson e Crick. A especulação histórica é que Pauling, o mais importante químico da época, teria com isso obtido acesso ao que lhe faltava para desvendar a estrutura do DNA, na qual já estava trabalhando (chegou a escrever para Wilkins pedindo cópias das imagens, mas esse físico de origem neozelandesa o enrolara, respondendo que não pretendia divulgá-las antes de completar cálculos suscitados por elas). Se Pauling houvesse descoberto a solução espacial da molécula de DNA, teria infligido uma segunda derrota ao grupo britânico de Sir William Lawrence Bragg (1890-1971), físico nascido na Austrália que dividira o Nobel de Física de 1915 com o próprio pai, Sir William Henry Bragg, pela descoberta do método de estudo da estrutura de cristais com auxílio de raios X, batizado cristalografia.[51]

---

[50] O artigo completo de Pauling sairia na edição de abril de 1951 da publicação norte-americana *Proceedings of the National Academy of Sciences*, seguido um mês depois por mais *sete* artigos na mesma *PNAS*, com detalhes sobre a estrutura.

[51] Lawrence Bragg é até hoje o mais jovem cientista a ter recebido um Nobel, aos 25 anos.

Bragg filho era o chefão do lendário laboratório Cavendish, na Universidade de Cambridge, onde também trabalhavam o britânico John Kendrew e o austríaco de nascimento Max Perutz, que viriam a ganhar o Nobel de Química em 1962,[52] por seus trabalhos sobre a estrutura de duas proteínas importantes para o sangue (hemoglobina) e para os músculos (mioglobina). A hélice alfa fora a primeira derrota dos britânicos, mas dois estudantes excêntricos, aceitos por eles meio a contragosto, viriam a salvar a honra do Cavendish.

O par Watson-Crick era de fato uma estranha combinação de talentos e personalidades, mas o tempo revelou que essa combinação fazia muito sentido, tanto quanto os pares adenina-timina e citosina-guanina. James Dewey Watson era um daqueles garotos-prodígio norte-americanos, biólogo que despencou no Cavendish com apenas 23 anos, já doutorado pela Universidade de Indiana, onde fora orientado pelo grande cientista italiano Salvador Luria.[53] Ambicioso, Watson elegera o DNA como o tema de pesquisa que o lançaria para a fama. Seu parceiro improvável também era um estranho no ninho, o físico londrino Francis Harry Compton Crick, 11 anos mais velho e ainda desprovido de um título de doutor, em parte porque passara a Segunda Guerra no Almirantado britânico, projetando minas magnéticas. Crick era talvez menos ambicioso que Watson, mas tinha uma desagradável propensão para fazer elucubrações teóricas e dar lições de interpretação de experimentos aos que

---

[52] O mesmo ano em que Watson, Crick e Wilkins abocanharam o Nobel de Medicina pelo DNA.

[53] Luria ganharia o Nobel de Medicina, em 1969, com Max Delbrück (outro importante mentor de Watson) e Alfred Hershey, por seus trabalhos com vírus de bactérias conhecidos como "fagos" (de "bacteriófagos").

de fato os realizavam. Reunidos pelo acaso numa sala exígua do Cavendish a partir de outubro de 1951, entregaram-se meses a fio a sua maneira preferida de fazer ciência: conversar.

Meses antes, Watson assistira a uma apresentação de Wilkins em Nápoles, quando viu pela primeira vez uma imagem do padrão de difrações provocadas por raios X numa amostra de DNA cristalizado. Nada entendia de cristalografia, sobretudo das equações que teoricamente permitiriam inferir a estrutura de moléculas a partir da distribuição dos borrões e que ainda davam resultados decepcionantes no caso do DNA; mas, dessa palestra que mal pudera acompanhar, Watson intuiu ser esse o caminho a seguir (chegou a tentar entabular conversa com Wilkins, ainda em Nápoles, mas não parece ter sido levado muito a sério, como narra em seu polêmico livro *The Double Helix*). Melhor dizendo, *um* dos caminhos, pois Watson e Crick logo perceberiam que as cristalografias eram muito mais úteis se associadas com o método de Pauling de construir modelos tridimensionais de possíveis arranjos entre os átomos e moléculas sabidamente presentes na substância, com base no cálculo preciso das distâncias e ângulos entre eles (representados por varetas, como num brinquedo de montar). Nem Watson nem Crick deveriam estar trabalhando com o DNA, mas ninguém no Cavendish teve a idéia – de imediato – de exigir que se dedicassem apenas a suas tarefas oficiais (respectivamente, ajudar Kendrew com a estrutura da mioglobina e realizar experimentos com cristais de hemoglobina para uma atrasada e tardia tese de doutorado).

Nem Wilkins nem Franklin pareciam inclinados a usar conjuntos de varetas para decifrar o DNA, confiando nos poderes puramente analíticos da cristalografia. Além disso, boa parte de seu tempo no laboratório do King's College de Londres era consumido na disputa que se tornaria uma das mais rumorosas da história recente da ciência. Wilkins entendia que Franklin fora contratada para ser sua auxiliar, preparando as imagens cuja análise ele comandaria, enquanto Franklin ("Rosy", como a ela se refere Watson em passagens quase abertamente misóginas de seu livro) estava convencida de que fora chamada da França (onde iniciara uma promissora carreira científica) para desenvolver autonomamente suas próprias linhas de pesquisa. Apesar da tensão, as aparências de cavalheirismo eram britanicamente mantidas, e, em meados de novembro de 1951, Watson chegou a ser convidado por Wilkins a presenciar uma explanação-resumo de seis meses de investigações feitas por Franklin no King's.

Poucos dias depois, Watson e Crick, apenas seis semanas após terem-se conhecido em Cambridge, tinham chegado a um primeiro e complexo modelo para o DNA – totalmente equivocado. Era uma hélice tripla de açúcares e fosfatos no interior da molécula, ligadas por íons (átomos eletricamente carregados) de magnésio, com as bases nitrogenadas espetadas para fora, como as pontas de um arame farpado. Uma comitiva do King's College chegou às pressas de Londres, para conhecer o modelo que poderia ter arruinado meses (Franklin) e anos (Wilkins) de trabalho, mas ele resistiu poucos minutos à crítica dos verdadeiros especialistas. Franklin, que ainda recusava a idéia de que algum tipo de hélice serviria de andaime ao DNA, apontou vários problemas, a começar pela especulação sobre o magnésio, que nunca aparecera nas análises de DNA. O furo maior da construção, porém, estava na quantidade de moléculas de água que Watson e Crick haviam pressuposto em torno das de desoxirribose, fosfatos e bases nitrogenadas, francamente em desacordo com a quantidade que fora *medida* por Franklin. Watson, que não tomara nota de nada na apresentação da colega do King's, entendera tudo errado e levara Crick a equívocos nas suas deduções.

O resultado imediato do fiasco foi a proibição baixada por Bragg de que os dois excêntricos estudantes do Cavendish continuassem a trabalhar com DNA. Como disse Judson a propósito do acontecido, "embora piratas bem-sucedidos sejam por vezes elevados a cavaleiros, aqueles que falham são enforcados".[54] A precedência do grupo de Londres foi restabelecida, e ficou evidente que ele não seria mais tão liberal no acesso a dados experimentais e imagens. Watson e Crick tinham de recomeçar do zero, ainda mais no escuro do que antes de terem cometido erro tão crasso de modelagem e de diplomacia. Até mesmo a oferta de empréstimo das varetas ao pessoal de Londres foi recebida com polido desdém, narra Watson em seu livro. "Assim, a chance de que alguém do lado britânico do Atlântico decifrasse o DNA parecia mínima, conforme se aproximavam os feriados de Natal."[55] E o que parece ter sido mais humilhante, ao menos para Watson, foi ter perdido a primeira bateria da corrida não para o gigante Pauling, mas para uma mulher.

NO CAMINHO DA DAMA SOMBRIA

Watson e Crick estavam proibidos de trabalhar com o DNA no Cavendish, mas não de pensar sobre a molé-

[54] *The Eighth Day of Creation*, p. 106.

[55] *The Double Helix*, p. 62.

cula. Nos 15 meses subseqüentes, permaneceram obcecados com o DNA e de novo cruzaram caminhos com Franklin, mas dessa vez era ela que estava na rota do erro. No entroncamento, estava a célebre imagem cristalográfica número 51 da série de alta qualidade que Franklin produziu no King's College, datada de 2 de maio de 1952. Para olhos e intelectos treinados como os de Watson, Crick e Franklin, a análise da chapa revelaria algumas das principais características da molécula de DNA, como a presença dos grupos mais pesados (fosfatos) na parte *exterior* da molécula, as bases nitrogenadas voltadas *para dentro*, uma volta completa da hélice com espaço para exatos dez nucleotídeos. Franklin estava, porém, absorta com a análise da chapa número 49 (outro tipo de DNA) e só viria a fazer uma apreciação minuciosa da 51 dez meses depois, em março de 1953, na véspera do artigo de Watson e Crick – quando já era tarde demais.

Foi essa imagem, também, que deu o impulso final às especulações de Watson e Crick – agora na direção correta.[56] O modo pelo qual tiveram acesso à chapa 51 constitui um dos eventos mais discutidos e discutíveis da história recente da ciência, tendo sido com freqüência descrito como "furto". Uma das poucas coisas que se pode dizer com certeza é que a imagem foi mostrada por Wilkins a Watson sem conhe-

---

[56] Outro incentivo forte veio do outro lado do Atlântico: a notícia de que Linus Pauling teria resolvido a estrutura do DNA com Robert Corey. Uma carta enviada em 2 de janeiro de 1953 à revista *Nature*, para estabelecer prioridade, seria publicada só em 21 de fevereiro, e o artigo completo, na edição de fevereiro da *PNAS*. Mas Peter Pauling, filho do grande Linus, estava trabalhando no Cavendish e mostrou uma cópia do manuscrito a Watson no final de janeiro. Tratava-se de outra hélice tripla no centro, e não na periferia, da molécula; assim como a de Watson e Crick meses antes, estava totalmente equivocada.

cimento de Franklin, durante encontro no King's College narrado num dos trechos mais criticados de *The Double Helix*.

Em julho de 1952, Franklin acreditava ter demonstrado de uma vez por todas que a estrutura do DNA *não* poderia conter uma hélice. Deixou isso claro numa súmula de suas pesquisas escrita em novembro e apresentada em dezembro para um comitê do Conselho de Pesquisa Médica britânico. Em 30 de janeiro de 1953, ainda estava enrolada na análise da imagem 49 e considerando a hipótese de construir modelos com hastes, ao estilo de Pauling (ouvira rumores sobre a solução da molécula na América, mas uma carta sua a Robert Corey, colaborador de Pauling, ficara sem resposta), quando Watson chegou sem avisar a seu laboratório no King's College, com uma cópia do manuscrito de Pauling na mão. Em seu livro, Watson diz que fora visitar Wilkins e, não o tendo encontrado em sua sala, dirigiu-se à de Franklin para perguntar por ele – e teria aproveitado para dar à colega algumas lições sobre a necessidade da construção helicoidal. Ainda segundo seu relato, Franklin teria levantado do aparelho em que examinava chapas cristalográficas e vindo em sua direção disposta a golpeá-lo, no que Watson teria sido salvo pela chegada de Wilkins (só existe a versão de Watson para esse episódio, mas muitos contemporâneos de Franklin manifestaram ceticismo quanto à possibilidade de que ele de fato tenha ocorrido).

Ao sair dali com Wilkins, Watson teria sido conduzido por esse desafeto de Franklin a uma sala onde lhe foi mostrada uma cópia da imagem 51, que de imediato lhe teria sugerido a hélice com dez bases a cada volta completa. No trem de volta para Cambridge, na mesma noite, Watson fez alguns esboços e decidiu que uma hélice dupla não era incompatível com o que se lembrava da imagem feita por Franklin. Com esses novos lampejos e o fracasso evidente do arqui-rival do Cavendish (Linus Pauling), Watson e Crick obtiveram de Lawrence Bragg permissão para retomar a construção de modelos. A confecção de polígonos e varetas do tamanho e da forma apropriados para as moléculas em questão tomou duas semanas de trabalho da oficina do Cavendish. Mais ou menos na mesma época, Crick teve acesso (provavelmente por intermédio de Max Perutz, integrante do Conselho de Pesquisa Médica) à súmula de dezembro de Franklin, na qual havia medidas precisas feitas da imagem 51 – de novo, sem o conhecimento da pesquisadora. Segundo o relato de Judson,[57] foi pela leitura desses dados que Crick se convenceu de que a molécula de DNA tinha estrutura diádica, quer dizer, de que ela retomava sua simetria após meia volta sobre si mesma (180°), não sendo necessário completar a volta inteira (360°). Era a melhor indicação de que havia duas cadeias, correndo em paralelo mas em sentidos opostos.

Faltava ainda resolver duas questões cruciais: como se organizavam as bases nitrogenadas e como as duas hélices estavam ligadas uma à outra. Após ter revisado a literatura sobre as ligações químicas formadas pelas bases entre si, Watson começou a brincar com a idéia de emparelhá-las por identidade, adenina com adenina, citosina com citosina e assim por diante, mas deu num beco sem saída: os pares tinham geometria e tamanhos diversificados, o que tornava impossível acomodá-los dentro das hélices. De todo modo, esses pares faziam muito sentido de um ponto de vista bi-

---

[57] *The Eighth Day of Creation*, p. 142.

ológico, pois sugeriam uma forma óbvia de duplicação por molde. Crick objetou contra o esquema de Watson também por outra razão: ele não combinava com as proporções descobertas por Chargaff.[58] Frustrado, Watson recortou em cartolina os formatos das bases (lembre-se de que as quatro têm todos os seus átomos organizados no mesmo plano)[59] e, na manhã de 28 de fevereiro, dedicou-se a experimentar montagens em todas as posições possíveis, até que se deu conta de que o par adenina-timina, mantido por duas pontes de hidrogênio, compunha uma figura geométrica idêntica ao par citosina-guanina, reunido por pelo menos duas pontes de hidrogênio,[60] precisamente o tipo de ligação que faltava para manter as duas hélices juntas.

A charada estava resolvida. Assim que as varetas e polígonos chegaram da oficina, Watson e Crick se lançaram à construção final do modelo, que ficou pronto em 7 de março de 1953. Na mesma data, narra Judson,[61] Wilkins escreveu carta a Crick contando que, dali a uma semana, enfim a *dark lady* ("dama sombria",[62] uma referência a Rosalind Franklin) deixaria o King's College. No dia 12, Watson escreveu uma carta ao mentor Max Delbrück, colaborador de Linus Pauling no Instituto de Tecnologia da Califórnia (Caltech), contando a descoberta com algum detalhamento, mas pedindo que nada fosse dito a Pauling. Dois dias depois, foi finalizado o manuscrito que seria

---

[58] Ver p. 53.

[59] Ver p. 24-5.

[60] Na realidade, citosina e guanina formam três pontes de hidrogênio.

[61] *The Eighth Day of Creation*, p. 151.

[62] *The Dark Lady of DNA* é o título da biografia de Franklin escrita por Brenda Maddox (New York: HarperCollins, 2002).

enviado à revista *Nature*. No dia 19, Crick escreveu para seu filho Michael: "É como um código. Se for dado a você um conjunto de letras, você poderá escrever as outras. Agora, acreditamos que o DNA *é* um código. Isto é, a ordem das bases (as letras) tornam um gene diferente de outro gene (assim como uma página impressa é diferente de outra)".[63]

CÓDIGOS E GRAVATAS

A alma do DNA, como foi dito atrás, está no emparelhamento específico das bases nitrogenadas, A-T ou T-A e C-G ou G-C, que permite a produção de cópias da molécula segundo um esquema conhecido como *replicação semiconservativa* (porque cada uma das fitas simples regeneradas para formar duas fitas duplas é diferente do molde que a originou). Uma implicação importante desse mecanismo é que as duas fitas da molécula de DNA no ponto de partida da replicação sobreviverão intactas nas várias gerações subseqüentes de células, em meio às várias cópias produzidas. Essa decorrência só foi comprovada biologicamente em 1957, num experimento em que Matthew Meselson e Franklin Stahl, alunos de Pauling no Caltech, "rotularam" o DNA no ponto de partida com um átomo mais pesado de nitrogênio, equivalente a 15 átomos de hidrogênio (e não 14, como no isótopo mais comum de nitrogênio), de modo a poderem mais tarde separar, por centrifugação, esse DNA marcado de suas cópias. Depois de terem cultivado dezenas de gerações

---

[63] Carta citada em *The Eighth Day of Creation*, p. 153.

da bactéria *Escherichia coli* com e sem o nitrogênio pesado, Meselson e Stahl obtiveram nas centrífugas exatamente o resultado previsível com a replicação semiconservativa. Um "clássico", foi como Watson qualificou o experimento em seu compêndio *Molecular Biology of the Gene*.[64]

Com a passagem dos anos depois de 1953, experimentos como esse foram se sucedendo e revelando várias peculiaridades do DNA, mas permanecia um mistério: entender precisamente como se dava a transmissão de especificidade hereditária (genética) por seu intermédio. Já se sabia da existência do RNA no citoplasma, copiado do DNA no núcleo; e, aos poucos, foi-se sedimentando a opinião de que a seqüência de bases tinha alguma relação com a seqüência de aminoácidos na cadeia de uma proteína – mas qual relação, isto ninguém descobria. Durante muitos anos, o esforço de solução foi predominantemente teórico; ou seja, os cientistas – Crick à frente – tentaram *adivinhar* qual seria essa relação, sem recorrer diretamente a experimentos bioquímicos. Essa era a estratégia do Clube da Gravata de RNA (*RNA Tie Club*), organização informal surgida após a conversão de George Gamow (1904-68) ao que ficou conhecido como o "problema do código".

Gamow, físico teórico nascido na Rússia, ficara famoso por ter proposto em 1946 a idéia do *Big Bang* – a grande explosão cósmica que teria dado origem ao Universo, 14 bilhões de anos atrás. Eclético, lera ainda em 1953 dois trabalhos que o levaram a pressupor que as bases de DNA poderiam especificar fisicamente a estrutura de proteínas: o de Watson e Crick e o do bri-

---

[64] New York: W.A. Benjamin, 1970.

tânico Frederick Sanger, sobre a seqüência de aminoácidos na insulina. Em meados do mesmo ano, enviou carta a Crick em que não só lançava a idéia como já apresentava o esboço de um artigo, que o britânico logo percebeu estar cheio de erros. Em 13 de fevereiro de 1954, um esquema totalmente abstrato de codificação foi publicado por Gamow na revista *Nature*, com base em orifícios mais ou menos losangulares que se formariam entre as bases ao longo da dupla hélice de DNA, nos quais as quatro bases adjacentes determinariam qual aminoácido poderia encaixar-se ali.

UM DOS CÓDIGOS TEÓRICOS DE GEORGE GAMOW

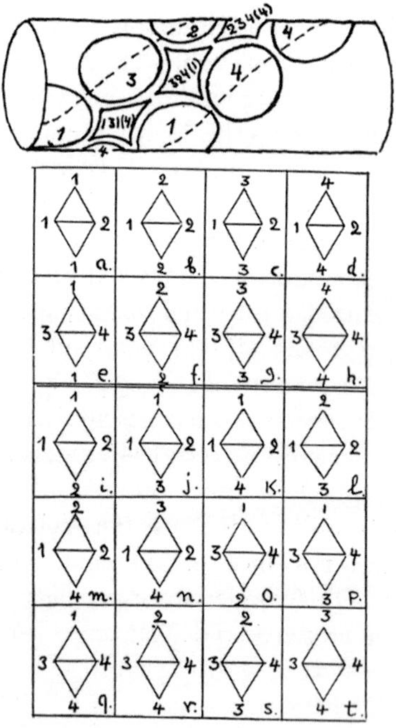

Fonte: *The Eight Day of Creation*, de Horace Freeland Judson

Não havia ainda clareza sobre quais e quantos aminoácidos participavam da estrutura das proteínas, mas o esquema de Gamow tinha lugar para 20. Crick e Watson se debruçaram sobre a lista do físico russo e detectaram vários problemas, decidindo-se por refazê-la – e chegaram a outra relação de 20, a mesma considerada válida até hoje. Com a resposta dos dois a Gamow, iniciou-se uma colaboração – sobretudo epistolar – que resultaria na fundação do Clube da Gravata, com 20 membros mais ou menos flutuantes, cada um deles apelidado com a abreviação de um aminoácido (Gamow assinava-se *Ala*, ou seja, alanina). O físico mandou confeccionar em Los Angeles gravatas negras com desenhos de hélices e anagramas dos aminoácidos bordados, uma peça para cada membro, além de encomendar papéis timbrados com o lema *Do or die, or don't try* ("Faça, ou morra; senão, nem tente"). Nada que se pudesse considerar muito excêntrico, tratando-se do físico que convidara Hans Bethe para assinar seu artigo mais famoso, mesmo com o colega nada tendo a ver com o trabalho, apenas para que este pudesse ser citado dali em diante como "Alpher, Bethe, Gamow" (brincadeira com as três primeiras letras do alfabeto grego: alfa, beta e gama).

Humor à parte, as especulações do clube – com códigos de duas, três ou quatro letras (bases), com ou sem superposição e "vírgulas" – não conduziam a solução prática alguma. A correlação entre nucleotídeos e aminoácidos permanecia um mistério. Algumas idéias teóricas discutidas na confraria do RNA se revelariam proféticas e úteis, como a hipótese lançada por Crick em 1955 de que moléculas adaptadoras serviriam de intermediárias entre a seqüência de nucleotídeos e os aminoácidos por eles especificados (mais tarde, essas moléculas seriam identificadas como os altamente específicos RNA de transferência, os tRNA). Mas, enquanto isso, no universo paralelo dos experimentos biológicos e bioquímicos, determinou-se que havia grande concentração de RNA em corpúsculos então conhecidos como microssomos (rebatizados por Richard Roberts, em 1958, como "ribossomos") e que aparentemente era aí que se dava a síntese de proteínas. E, para decepção dos membros do clube, a solução viria precisamente de fora dele, com Marshall Nirenberg, e somente em 1961, das bancadas de um laboratório obscuro no Instituto de Artrite e Doenças Metabólicas, uma repartição do governo norte-americano que faz parte do gigantesco complexo dos NIH (abreviação pela qual são mais conhecidos os Institutos Nacionais de Saúde).

NOTÍCIAS DE MOSCOU E DE UM MUNDO NOVO

Os heróis menos lembrados da decifração do "código" RNA-aminoácidos foram Marshall Warren Nirenberg, doutorado em bioquímica pela Universidade de Michigan, e o alemão Johann Heinrich Matthaei, fisiologista de plantas doutorado pela Universidade de Bonn. Matthaei era estudante de pós-doutorado no laboratório de Nirenberg desde 1960, quando contava 31 anos de idade, e seu chefe americano, 33. Acima deles estava Leon Heppel, um exímio sintetizador de RNA artificiais, nas mais diversas composições de bases nitrogenadas. Totalmente desconectados dos luminares do Clube da Gravata de RNA nas duas Cambridge (Reino Unido e Estados Unidos), em Londres ou em Paris, desenvolveram um sistema para empregar esses RNA sintéticos (como os chamados poli-U e poli-A, em que havia uma repetição monótona de bases UUU ou AAA) na produção de peptídeos (pequenas proteínas).

Em 27 de maio de 1961, ao completar experimentos planejados por Nirenberg, Matthaei identificou a primeira "palavra" do código perseguido no mundo todo: o poli-U ensejava a produção de polifenilalanina, ou seja, o códon UUU especificava o aminoácido fenilalanina. A segunda descoberta na tábua de chaves que começava a formar-se foi que a seqüência CCC correspondia ao aminoácido prolina.[66]

Os integrantes do *RNA Tie Club* só tomariam conhecimento da descoberta de Nirenberg na segunda semana de agosto de 1961, durante o Quinto Congresso Internacional de Bioquímica, em Moscou. O evento foi uma das primeiras aberturas da ciência soviética para o mundo ocidental, embora a biologia do país ainda fosse, em grande medida, controlada com mão de ferro por Trofim Denisovich Lysenko (1898-1976), o agrônomo stalinista que atrasou por décadas a pesquisa genética na URSS por advogar idéias contrárias a Mendel e a Darwin. A biologia molecular, por exemplo, era quase inexistente, e foi nesse palco anacrônico que a maior descoberta desde a solução da dupla hélice foi apresentada, em sala pequena, numa entre centenas de palestras e, ainda por cima, com o título "A Dependência da Síntese de Proteína Livre de Células na *E. coli* com Relação a Moldes de RNA de Ocorrência Natural ou Sintéticos". Nada

---

[66] Rigorosamente, o experimento de Nirenberg e Matthaei ainda não trazia comprovação de que as palavras tinham três letras, ou seja, de que os aminoácidos eram especificados por códons compostos de três bases nitrogenadas.

que sugerisse que o almejado código tivesse sido quebrado, como anotou Judson,[67] mas era o bastante para atrair a atenção de pelo menos um membro do clube, Matthew Meselson, embora Watson, Crick e outros também estivessem na capital soviética.

Meselson conta que, além da apresentação de Nirenberg para um recinto quase vazio, nada mais de importante aconteceu em Moscou (nem mesmo a visita que fizera aos laboratórios de Lysenko). A notícia se espalhou e desencadeou nova onda de experimentos e artigos, o primeiro deles uma demonstração de que os códons tinham apenas três letras (bases), obtida por Crick e pelo sul-africano Sydney Brenner;[68] esse trabalho foi publicado na revista *Nature* em 30 de dezembro de 1961. A decifração completa das relações entre códons e aminoácidos, com sinônimos e sinais de pontuação incluídos, viria somente em 1967, quando Brenner e Crick, no Reino Unido, e Alan Garen, na Universidade Yale (Estados Unidos), demonstraram de forma independente que as seqüências UAA, UAG e UGA não correspondiam a aminoácido algum, mas sim a sinais para interromper a síntese da proteína. Em 1968, Nirenberg ganhou o seu Nobel de Medicina. Anos depois, Judson perguntou a Meselson se Nirenberg agora fazia parte do clube, ao que Meselson respondeu que, em certo sentido, ele contava com um clube só para si.[69]

As bases estavam lançadas para que a biologia molecular saísse enfim da adolescência e se tornasse uma

---

[67] *The Eighth Day of Creation*, p. 453.

[68] Um dos ganhadores do Nobel de Medicina em 2002, por seus trabalhos com genética do desenvolvimento no verme *C. elegans*.

[69] *The Eighth Day of Creation*, p. 470.

ciência de gente grande. Ou seja, uma tecnociência, um campo capaz de gerar inovação, aplicações tecnológicas, no que viria a ser sua última fase de consolidação como forma hegemônica de pesquisa em biologia, tão bem exemplificada pela dominância da genômica nos dias de hoje. Essa nova fase, a do que se poderia chamar de biologia total, seria inaugurada apenas quatro anos depois do Nobel de Nirenberg. Foi em 1972, quando os geneticistas Stanley Cohen e Herbert Boyer, da Califórnia – trabalhando com as chamadas enzimas de restrição, descobertas por vários cientistas, Meselson entre eles –, desenvolveram a tecnologia do **DNA recombinante**, ou seja, a técnica para reunir artificialmente trechos de DNA que não se encontram lado a lado na natureza. Nascia assim a era da **engenharia genética** e, com ela, a possibilidade de transferir genes de uma espécie a outra – e de apropriar-se desses métodos e fazer dinheiro com eles.

A primeira transferência desse tipo foi realizada em 1973, quando pesquisadores das universidades da Califórnia (campus de San Francisco) e Stanford cortaram um gene do genoma de um sapo do gênero *Xenopus* e o inseriram numa bactéria *E. coli*, que, com isso, passou a produzir uma proteína antes existente apenas no sapo. Era a primeira quimera produzida pelas mãos, e não pela imaginação literária, do homem. Em 1974, Cohen e Boyer pediram a patente de sua tecnologia do DNA recombinante, concedida em 1980. Boyer foi um dos fundadores da gigante de biotecnologia Genentech, em 1976.

Um mundo novo estava surgindo, admirável em todos os aspectos – para o bem e para o mal.

CONCLUSÃO: O COMPLEXO FUTURO DO GENOMA E DA BIOTECNOLOGIA

Hoje, biologia tornou-se sinônimo de engenharia genética e de genômica, o que não deixa de ser um empobrecimento. Embora a compreensão de inúmeros processos da vida em escala molecular esteja fazendo avançar campos antes quase estagnados, como, por exemplo, a biologia do desenvolvimento, seu efeito colateral – ou talvez principal – é a disseminação no público de uma crença cada vez mais infundada no **determinismo genético** (do qual os próprios biólogos moleculares se afastam rapidamente). Com o seqüenciamento (soletração) do genoma humano, essa crença viu reverberarem na arena pública inúmeras loas de entonação bíblica, como as expressões "Livro da Vida" e "Santo Graal da biologia". *The Nature Yearbook of Science and Technology 2001* (o anuário da *Nature*) declarou 2000 o Ano do Genoma e trouxe logo em suas primeiras páginas uma avaliação grandiloqüente do britânico John Sulston, um dos chefões do Projeto Genoma Humano, que dois anos depois ganharia o Prêmio Nobel em Fisiologia e Medicina: "O anúncio da seqüência-rascunho do genoma humano em junho de 2000 capturou a imaginação do público – como não poderia deixar de ser. Nunca antes uma forma de vida decifrara o código que determina a sua própria construção".

A façanha foi manchete de alguns dos principais jornais do mundo, inclusive no Brasil. A *Folha de S.Paulo* dedicou 11 páginas ao tema em sua edição de 27 de junho de 2000, oito delas para um caderno especial. Seu concorrente imediato, *O Estado de S. Paulo*, deu destaque semelhante. A maior parte dessa cobertura foi marcada pelo determinismo genético, aberto ou velado. Nas reportagens, não faltaram afirmações hiperbólicas sobre a transcrição do DNA, como a de que esse feito científico equivaleria à decifração do que significa ser humano.

Após anos e anos anunciando a descoberta de inúmeros genes disto e daquilo, desde o do câncer de mama até o da esquizofrenia e o da homossexualidade, não é de estranhar que a imprensa tenha feito tanto barulho. Não é apenas a maioria dos jornalistas, mas provavelmente a maior parte do público, que tem sua compreensão da genética moldada pelo paradigma das síndromes genéticas, como a distrofia muscular de Duchenne. Segundo essa visão simplista predominante, alterações discretas e localizadas na seqüência de DNA (mutações), por vezes de uma única "letra" na seqüência correspondente aos aminoácidos de uma única proteína, necessariamente acarretam efeitos devastadores sobre a saúde ou o desenvolvimento da pessoa afetada, assim como de parte de sua descendência.

Tais concepções estão em franco contraste com a realidade experimental da pesquisa genômica, que revela um grau de complexidade que não pode ser reduzido a causas simples e unidirecionais. Fica cada vez mais claro que a imensa maioria dos processos envolvidos na saúde e na doença, assim como no surgimento das características de cada indivíduo, resulta da interação entre cascatas bioquímicas entrelaçadas em pelo menos três níveis (genes, proteínas e metabólitos da célula). A complexidade é tamanha que hoje os biólogos sistêmicos usam com mais freqüência a metáfora de redes interconectadas para falar da expressão gênica, em substituição à linearidade fácil e enganosa da analogia gene/instrução → proteína/resultado. Esse novo paradigma desatualiza por completo o modo de pensar na genética, antes marcado pelo que Francis Crick chamou, muito sintomaticamente, de Dogma Central.

Esse dogma já estava havia décadas na mira dos críticos precoces da hegemonia genômica em biologia, como Richard Lewontin e Barry Commoner, mas agora alcançou o discurso dos próprios biólogos moleculares. Um exemplo eloqüente é o de Paul Brazhnik, Alberto de la Fuente e Pedro Mendes, que assinam um artigo de revisão sobre redes gênicas na publicação *Trends in Biotechnology*: "A biologia molecular tradicional (a genética molecular em especial) pode ter propagado a idéia de que os genes ditam tudo o que ocorre dentro da célula. Isso se materializou no 'dogma' central da biologia molecular, o qual enfatiza que proteínas, e por conseqüência os metabólitos, são sintetizados unicamente quando os genes são ativados. Esse 'dogma' falhou no reconhecimento de que a expressão gênica também é influenciada pelos níveis de proteínas e metabólitos".[70]

---

[70] V. 20, n. 11, November 2002; p. 467-72.

A cada passo que dá, a genômica descobre mais e mais complexidade. Eis uma breve e não exaustiva enumeração de elementos de complicação molecular que a pesquisa experimental vem impondo à apreciação dos geneticistas, além dos fenômenos já abordados da **edição** de RNA, do **silenciamento de genes** por **interferência de RNA** e do **enovelamento** (*folding*) de proteínas:

Processamento alternativo (*alternative splicing*) – Depois de formado de uma seqüência de DNA no núcleo, o transcrito primário de RNA é submetido à retirada de trechos (correspondentes ao que se chama de "íntrons") que não especificam a seqüência de aminoácidos da proteína em produção, seguida da reunião contígua de trechos especificadores, correspondentes aos éxons. A exclusão de íntrons e a junção de éxons constitui o fenômeno do processamento (*splicing*), que, no entanto, não resulta sempre no mesmo produto: ele pode omitir e rearranjar trechos especificadores (éxons), resultando em proteínas diversificadas (ditas isoformas).

Moldura móvel (*frame-shifting*) – A maquinaria celular que faz a síntese da proteína, ou seja, que traduz as "palavras" de três "letras" do RNA (códons), pode ler a "mensagem" de mais de uma maneira, começando ou terminando em pontos diversos da seqüência – mudando assim o conteúdo de todos os códons abaixo daquele ponto e também a seqüência de aminoácidos na proteína sintetizada.

Pseudogenes e similares – O genoma humano está permeado de seqüências que testemunham um processo dinâmico de evolução, como as duplicações promovidas por RNA transcritos (retrotransposições), que podem gerar tanto seqüências de DNA ativas e funcionais no genoma (novos "genes", chamados *intronless paralogs*, ou "parálogos sem íntrons") quanto trechos inativos ("pseudogenes"). No seqüenciamento do genoma pela empresa Celera, foram catalogados nada menos do que 1.077 blocos duplicados de DNA, com seqüências de cerca de 3.522 "genes", cada bloco contendo de três a cinco dessas seqüências funcionais.

Estampagem (*imprinting*) – Cada um dos cromossomos que compõem o genoma é dotado de um sistema de marcas químicas (como a adição local de um grupo metila, ou metilação) que indica quais genes estão ativos em cada célula deste ou daquele tecido (pois, embora todas contenham o mesmo genoma, cada célula produz apenas algumas proteínas especificadas naquele enorme repertório). Nos mamíferos, parte dessas marcas constitui um enigmático sistema chamado "estampagem" (*imprinting*), que é totalmente apagado e reconstituído durante a formação de gametas.

O genoma que emerge dos laboratórios de seqüenciamento de DNA é, portanto, uma entidade ultracomplexa, sujeita a uma infinidade de relações, influências e interações com sinais vindos do citoplasma e, em última instância, do ambiente da célula, entre as quais se inclui a chamada herança epigenética (indicações hereditárias que não são transmitidas por ácidos nucléicos). Isso pode não ser novidade para cientistas do ramo, mas certamente está longe da representação que o público faz da genômica e de suas capacidades. Persiste uma enorme defasagem entre os modelos efetivamente empregados por cientistas no cotidiano dos laboratórios e a apresentação da pesquisa genômica para o público na imprensa geral. Essa defasagem decorre não só da desinformação de repórteres e editores, mas também do discurso público dos pesquisadores da área, que têm nas visões deterministas uma ferramenta poderosa para obter apoio e verbas públicas e privadas para seu empreendimento bilionário.

"A invocação dos genes já se mostrou eficiente não só em conseguir financiamentos e promover agendas de pesquisa, mas também (e especialmente, talvez) no *marketing* de produtos de uma indústria biotecnológica em rápida expansão", escreveu sobre a questão a historiadora e filósofa da ciência Evelyn Fox Keller, do Massachusetts Institute of Technology (MIT). "De fato, as novas parcerias entre ciência e comércio que estão sendo forjadas diariamente pelas promessas da genômica ligam a genética ao mercado com uma força e intimidade sem precedentes nos anais da pesquisa básica nas ciências biológicas."[71]

Nada garante, no entanto, que o incentivo ou a conivência para com um discurso simplista e determinista possam garantir um fluxo continuado de recursos para a genômica. Em algum momento, ela terá de cumprir a revolução na medicina que seus luminares, com maior ou com menor ênfase, prometeram. Alguns centros de pesquisa genômica já enfrentam dificuldade para manter suas linhas industriais de seqüenciamento longe da ociosidade (como o Joint Genome Institute, da Califórnia, que disputa com a Rede Onsa, brasileira, a primazia na anotação do genoma da bactéria *Xylella*). Outros, como o Sanger Center de Cambridge (Reino Unido), já debatem abertamente a necessidade de reativar um tipo mais tradicional de pesquisa científica, baseada em hipóteses e não em massas brutas de dados – algo como

[71] *O Século do Gene*, p. 160-1.

voltar a buscar agulhas em palheiros (pesquisar com o olho na mira das hipóteses), e não mais começar pelo inventário detalhado do palheiro completo (fazer ciência atirando para todos os lados, sem ter noção do que se pretende alvejar).

Talvez seja exagero falar em "crise" da genômica na época em que ela parece reinar sobre toda a pesquisa biológica.[72] Talvez. Pesquisadores e leigos que não cessam de admirar-se com as descobertas sobre o intricado fenômeno da vida, porém, devem ficar atentos com o que parece hoje só um sintoma, e até mesmo regozijar-se com sua manifestação, pois ele pode representar também a oportunidade para uma terapia purgativa. Quem sabe não está aí a chance de pensar na complexidade e na indeterminação inerentes à biologia como uma das mais poderosas metáforas que se podem formular da liberdade?

---

[72] Para Antonio J. Oliveira-dos-Santos, a informação genômica é uma ferramenta entre outras e só se torna um fim em si mesma onde não há cientistas treinados para dar os passos seguintes. Comunicação pessoal, 4 de fevereiro de 2003.

GLOSSÁRIO

alternative splicing – Ver **processamento alternativo**.

aminoácidos – Moléculas básicas ("tijolos") para a construção de proteínas. Existem 20 tipos.

bases nitrogenadas – Substâncias cujas moléculas aos pares formam os "degraus" da dupla hélice do DNA, mantendo unidas as duas laterais enroladas por meio de pontes de hidrogênio. Há quatro tipos de base no DNA (A/adenina, T/timina, C/citosina e G/guanina), que formam apenas dois tipos de par (A-T ou T-A; e C-G ou G-C). No RNA, T é substituída por U (uracila).

citoplasma – O "corpo" da célula, ou seja, tudo aquilo que se encontra fora do núcleo celular e dentro da membrana externa. Constitui cerca de 90% do material de uma célula típica e contém a maioria das organelas celulares.

códon – Grupo de três nucleotídeos na cadeia de DNA que especifica um aminoácido na síntese de determinada proteína. É comum o códon ser comparado a uma "palavra" dentro da "sentença" representada por um gene.

cristalografia – Método para investigar a estrutura de substâncias cristalizadas por meio dos padrões de difração (espalhamento) de raios X que se produzem numa chapa fotográfica. Inventada no começo do século 20, a cristalografia foi usada para decifrar a estrutura do DNA.

cromossomo – Filamento ultra-enrolado de DNA e proteínas associadas, que se torna visível durante a divisão celular, quando pode também ser experimentalmente tingido (o nome quer dizer algo como "corpo colorido").

desoxirribose – Tipo de molécula de açúcar presente na estrutura do DNA. Ver **ribose.**

determinismo genético – Doutrina segundo a qual todas as características físicas e comportamentais de um indivíduo e/ou de sua espécie são exclusiva ou primordialmente determinadas pelos genes, com pouca ou nenhuma contribuição do ambiente.

DNA – Abreviação em inglês de *á*cido *d*esoxirribo*n*ucléico, a substância cuja molécula em forma de dupla hélice é a base da hereditariedade e o principal componente dos cromossomos.

DNA-lixo – Nome dado a seqüências de DNA que não compõem genes e cuja função é desconhecida.

No caso do genoma humano, representam mais de 98% do total de nucleotídeos seqüenciados (soletrados).

DNA recombinante – Seqüência de DNA obtida pela reunião natural ou artificial de trechos que não se encontram juntos em material genético herdado.

edição (*editing*) – Retirada ou inclusão de nucleotídeos num RNA, já no citoplasma, o que modifica a seqüência de aminoácidos na proteína que será sintetizada com base nele.

engenharia genética – Tecnologia que usa técnicas celulares e enzimas (como as de restrição) para cortar trechos conhecidos de DNA e inseri-los em cromossomos de outras células ou organismos, com o objetivo de criar novas combinações genéticas (como em organismos transgênicos).

enovelamento (*folding*) de proteínas – Processo durante o qual a cadeia recém-sintetizada de aminoácidos assume sua forma final, estreitamente relacionada com a função da proteína.

enzima – Molécula que tem a capacidade de provocar ou acelerar determinada reação química, ou seja, um catalisador biológico.

enzima de restrição – Tipo de tesoura molecular que corta o DNA sempre que nele ocorre determinada seqüência.

estampagem (*imprinting*) – Sistema de marcas químicas agregadas aos cromossomos que servem de indicação sobre quais genes podem ou devem ser transcritos.

eugenia – Doutrina que recomenda o melhoramento genético da espécie humana, com base na seleção ou manipulação de genes por meio de cruzamentos seletivos ou de engenharia genética.

éxon – Uma das várias seqüências de DNA que formam um gene e são interrompidas por trechos não-especificadores, os íntrons.

expressão gênica – "Leitura" (transcrição em mRNA) de uma seqüência de DNA num cromossomo e sua tradução numa seqüência de aminoácidos (síntese da proteína correspondente).

folding – Ver **enovelamento**.

fosfato – Molécula em que um átomo de fósforo é cercado por quatro de oxigênio. Está presente na estrutura da hélice do DNA.

folha beta – Uma das duas formas básicas que módulos de uma proteína podem assumir, formulada por Linus Pauling. A outra é a hélice alfa.

frame-shifting – Ver **moldura móvel**.

gene – Termo cunhado em 1909, quando ainda era desconhecida a estrutura do DNA e mesmo sua função na hereditariedade. Designava originariamente uma unidade hereditária abstrata, um dos "fatores" imaginados por Gregor Mendel. Com o desenvolvimento da biologia molecular, o significado abstrato foi preenchido com outro mais funcional: uma seqüência de DNA que especifica todos os aminoácidos de determinada proteína.

genômica – Ciência que estuda o conjunto dos genes, sua distribuição nos cromossomos e o modo com que seu uso pelas células é regulado e controlado.

hélice alfa – Uma das duas formas básicas que módulos de uma proteína podem assumir, formulada por Linus Pauling. A outra é a folha beta.

imprinting – Ver **estampagem**.

interferência de RNA (RNAi) – Fenômeno descoberto recentemente em que pequenas seqüências de ácido ribonucléico (uma a duas dezenas de nucleotídeos) barram a expressão de genes que contenham a seqüência equivalente de DNA.

íntron – Seqüência de DNA não-especificadora de aminoácidos que interrompe as seqüências especificadoras (éxons) e é retirada do RNA no processamento.

junk DNA – Ver **DNA-lixo**

moldura móvel (*frame-shifting*) – Ocorre na transcrição/tradução de DNA quando uma base é ignorada ou excluída, o que provoca alteração de todos os códons daí para a frente e, portanto, alteração da seqüência dos aminoácidos na cadeia da proteína sintetizada.

molécula – Agrupamento estável de átomos característico de uma substância.

mRNA – Ver **RNA mensageiro.**

mutação – Erro ou alteração de DNA que modifica sua seqüência e, portanto, da proteína eventualmente por ela especificada.

nucleotídeo – Unidade estrutural do DNA contendo apenas uma base nitrogenada indeterminada.

organela – Corpúsculos presentes na célula (mitocôndrias, por exemplo) que realizam funções específicas.

pontes de hidrogênio – Tipo de ligação química fraca, muito importante no enovelamento de proteínas e na união da dupla hélice do DNA.

processamento (*splicing*) – Processo em que são retirados os íntrons do RNA e reunidas as seqüências especificadoras de aminoácidos (éxons), gerando o mRNA.

processamento alternativo (*alternative splicing*) – Por motivos ainda não inteiramente esclarecidos, éxons de um mesmo "gene" podem ser montados de mais de uma maneira, dando origem a proteínas de mais de um tipo.

proteína – Moléculas complexas que estão na base do metabolismo e da estrutura celulares, compostas de longas cadeias de aminoácidos, cuja seqüência determina em grande parte sua estrutura e função. Cada espécie conta com um repertório específico de milhares de proteínas.

pseudogene – Seqüências de DNA no genoma que têm a estrutura de genes ou pedaços de genes, mas que não são acompanhadas das seqüências reguladoras necessárias para que sejam transcritas em RNA e traduzidas em proteínas. Em geral, os pseudogenes são incluídos na categoria *junk-DNA* (DNA-lixo).

recombinação – Qualquer processo em que se produz uma seqüência de DNA ou genes diferentes da que um organismo herdou. Trata-se de uma fonte importante de variação genética. Uma das recombinações mais comuns é o *crossing-over*, em que cromossomos trocam pedaços inteiros entre si durante a produção de células germinativas (gametas, como espermatozóides e óvulos).

ribose – Tipo de molécula de açúcar com cinco átomos de carbono presente na estrutura do RNA. A ausência de um átomo de oxigênio junto a um desses carbonos caracteriza a desoxirribose, açúcar da cadeia do DNA

ribossomo – Componente celular formado por dezenas de proteínas em torno de uma molécula específica de RNA (rRNA). É o local em que ocorre a leitura do mRNA e a síntese de proteínas.

RNA – Abreviação em inglês de *á*cido *r*ibo*n*ucléico, substância aparentada com o DNA, do qual se diferencia por formar normalmente uma fita simples (e não dupla), ter o açúcar ribose (e não desoxirribose) em sua estrutura e a base nitrogenada uracila (no lugar de timina). Ver capítulo 1.

RNA de transferência (tRNA) – Tipo especial de ácido ribonucléico que carrega uma chave de apenas três nucleotídeos e tem a capacidade de acoplar-se a um aminoácido específico e transportá-lo ao ribossomo para a síntese de uma proteína.

RNAi – Ver **interferência de RNA**.

RNA mensageiro (mRNA) – Seqüência de ácido ribonucléico montada com base no molde de DNA cromossômico.

RNA ribossômico (rRNA) – Tipo especial de ácido ribonucléico presente na organela ribossomo, onde participa diretamente da leitura do mRNA e do posicionamento dos tRNA portadores dos aminoácidos que serão encadeados na proteína em fase de síntese.

rRNA – Ver **RNA ribossômico**.

silenciamento de gene – Processo bioquímico ou alteração cromossômica que resulta na não-expressão de um gene.

splicing – Ver **processamento**.

tradução – Processo em que a seqüência de mRNA é usada como molde para o enfileiramento de aminoácidos na síntese de determinada proteína.

transcrição – Processo em que se forma o RNA mensageiro a partir do molde de DNA cromossômico.

tRNA – Ver **RNA de transferência**.

BIBLIOGRAFIA

Carina Dennis e Richard Gallagher (eds.), *The Human Genome*. Hampshire (Reino Unido): Nature Publishing Group/Palgrave, 2001.

Horace Freeland Judson, *The Eighth Day of Creation: Makers of the Revolution in Biology.* (Expanded edition.) Cold Spring Harbor (New York): Cold Spring Harbor Laboratory Press, 1996.

Ricardo Ferreira, *Watson e Crick: A História da Descoberta da Estrutura do DNA*. São Paulo: Odysseus Editora, 2003.

Evelyn Fox Keller, *O Século do Gene*. Tradução de Nelson Vaz. Belo Horizonte: Crisálida, 2002.

Richard C. Lewontin, *The Doctrine of DNA: Biology as Ideology*. London: Penguin , 1993.

Brenda Maddox, *Rosalind Franklin: the Dark Lady of DNA*. New York: HarperCollins, 2002.

Simon Mawer, *Mendel's Dwarf.* New York: Penguin, 1999.

Ernst Mayr, *O Desenvolvimento do Pensamento Biológico: Diversidade, Evolução e Herança*. Tradução de Ivo Martinazzo. Brasília: UnB, 1998.

Victor K. McElheny, *Watson and DNA: Making a Scientific Revolution*. Cambridge (Massachusetts): Perseus, 2003.

Robert Olby, *The Path to the Double Helix. The Discovery of DNA*. Nova York: Dover, 1994.

Isaias Raw, Leila Mennucci e Myriam Krasilchik, *A Biologia e o Homem*. São Paulo: Edusp, 2001.

Boyce Rensberger, *Life Itself: Exploring the Realm of the Living Cell*. New York: Oxford University Press, 1996.

Mônica Teixeira, *O Projeto Genoma Humano* (série "Folha Explica"). São Paulo: Publifolha, 2000.

James D. Watson, *The Double Helix: a Personal Account of the Discovery of the Structure of DNA*. (Critical edition. Gunther S. Stent, ed.) New York: Norton, 1980. Edição em português: *A Dupla Hélice*. Lisboa: Gradiva, 1994.

SOBRE O AUTOR

Marcelo Leite é editor de Ciência da *Folha de S.Paulo* e autor de *Os Alimentos Transgênicos* e *A Floresta Amazônica* (ambos na série "Folha Explica"). Formado em jornalismo pela Escola de Comunicações e Artes da USP, foi também *ombudsman* do jornal entre setembro de 1994 e janeiro de 1997. Obteve em 1989 bolsa da Fundação Krupp para estágios profissionais em jornalismo científico, na Alemanha, onde atuou depois como correspondente da *Folha*, durante o processo de reunificação do país. Em 1997 e 1998, realizou um programa de estudos sobre biologia e temas ambientais na Universidade Harvard, como *Nieman Fellow*.

FOLHA
EXPLICA

Folha Explica é uma série de livros breves, abrangendo todas as áreas do conhecimento e cada um resumindo, em linguagem acessível, o que de mais importante se sabe hoje sobre determinado assunto.

Como o nome indica, a série ambiciona *explicar* os assuntos tratados. E fazê-lo num contexto brasileiro: cada livro oferece ao leitor condições não só para que fique bem informado, mas para que possa refletir sobre o tema, de uma perspectiva atual e consciente das circunstâncias do país.

Voltada para o leitor geral, a série serve também a quem domina os assuntos, mas tem aqui uma chance de se atualizar. Cada volume é escrito por um autor reconhecido na área, que fala com seu próprio estilo. Essa enciclopédia de temas é, assim, uma enciclopédia de vozes também: as vozes que pensam, hoje, temas de todo o mundo e de todos os tempos, neste momento do Brasil.

1 MACACOS — Drauzio Varella
2 OS ALIMENTOS TRANSGÊNICOS — Marcelo Leite
3 CARLOS DRUMMOND DE ANDRADE — Francisco Achcar
4 A ADOLESCÊNCIA — Contardo Calligaris
5 NIETZSCHE — Oswaldo Giacoia Junior
6 O NARCOTRÁFICO — Mário Magalhães
7 O MALUFISMO — Mauricio Puls
8 A DOR — João Augusto Figueiró
9 CASA-GRANDE & SENZALA — Roberto Ventura
10 GUIMARÃES ROSA — Walnice Nogueira Galvão
11 AS PROFISSÕES DO FUTURO — Gilson Schwartz
12 A MACONHA — Fernando Gabeira
13 O PROJETO GENOMA HUMANO — Mônica Teixeira
14 A INTERNET — Maria Ercilia
15 2001: UMA ODISSÉIA NO ESPAÇO — Amir Labaki
16 A CERVEJA — Josimar Melo
17 SÃO PAULO — Raquel Rolnik
18 A AIDS — Marcelo Soares
19 O DÓLAR — João Sayad
20 A FLORESTA AMAZÔNICA — Marcelo Leite
21 O TRABALHO INFANTIL — Ari Cipola
22 O PT — André Singer
23 O PFL — Eliane Cantanhêde
24 A ESPECULAÇÃO FINANCEIRA — Gustavo Patu

25 JOÃO CABRAL DE MELO NETO — João Alexandre Barbosa
26 JOÃO GILBERTO — Zuza Homem de Mello
27 A MAGIA — Antônio Flávio Pierucci
28 O CÂNCER — Riad Naim Younes
29 A DEMOCRACIA — Renato Janine Ribeiro
30 A REPÚBLICA — Renato Janine Ribeiro
31 RACISMO NO BRASIL — Lilia Moritz Schwarcz
32 MONTAIGNE — Marcelo Coelho
33 CARLOS GOMES — Lorenzo Mammì
34 FREUD — Luiz Tenório Oliveira Lima
35 MANUEL BANDEIRA — Murilo Marcondes de Moura
36 MACUNAÍMA — Noemi Jaffe
37 O CIGARRO — Mario Cesar Carvalho
38 O ISLÃ — Paulo Daniel Farah
39 A MODA — Erika Palomino
40 ARTE BRASILEIRA HOJE — Agnaldo Farias
41 A LINGUAGEM MÉDICA — Moacyr Scliar
42 A PRISÃO — Luís Francisco Carvalho Filho
43 A HISTÓRIA DO BRASIL NO SÉCULO 20 (1900-1920) — Oscar Pilagallo
44 O MARKETING ELEITORAL — Carlos Eduardo Lins da Silva
45 O EURO — Silvia Bittencourt
46 A CULTURA DIGITAL — Rogério da Costa
47 CLARICE LISPECTOR — Yudith Rosenbaum

48	A MENOPAUSA	Silvia Campolim
49	A HISTÓRIA DO BRASIL NO SÉCULO 20 (1920-1940)	Oscar Pilagallo
50	MÚSICA POPULAR BRASILEIRA HOJE	Arthur Nestrovski (org.)
51	OS SERTÕES	Roberto Ventura
52	JOSÉ CELSO MARTINEZ CORRÊA	Aimar Labaki
53	MACHADO DE ASSIS	Alfredo Bosi
54	O DNA	Marcelo Leite
55	A HISTÓRIA DO BRASIL NO SÉCULO 20 (1940-1960)	Oscar Pilagallo
56	A ALCA	Rubens Ricupero
57	VIOLÊNCIA URBANA	Paulo Sérgio Pinheiro e Guilherme Assis de Almeida
58	ADORNO	Márcio Seligmann-Silva
59	OS CLONES	Marcia Lachtermacher-Triunfol
60	LITERATURA BRASILEIRA HOJE	Manuel da Costa Pinto
61	A HISTÓRIA DO BRASIL NO SÉCULO 20 (1960-1980)	Oscar Pilagallo
62	GRACILIANO RAMOS	Wander Melo Miranda
63	CHICO BUARQUE	Fernando de Barros e Silva
64	A OBESIDADE	Ricardo Cohen e Maria Rosária Cunha

Este livro foi composto nas fontes
Bembo e Geometr 415 e impresso em
junho de 2008 pela Prol Gráfica,
sobre papel offset 90 g/m².